Schulbuch
der
Raumlehre.

Zum Gebrauche der Schüler
in den untern Klassen der Gymnasien und
in Volksschulen.

Von

J. G. Graßmann,
Professor am Gymnasio zu Stettin.

Dritte vermehrte und verbesserte Auflage.

Mit drei Steindruck-Tafeln, und einer Reihe geometrischer
Aufgaben zur Uebung in der geometr. Construction.

Berlin, 1843.
Gedruckt und verlegt bei G. Reimer.

Vorrede.

In diesem Auszuge der Raumlehre, welcher bestimmt ist, sich in den Händen der Schüler zu befinden, habe ich den, meistentheils ohne Beweis hingestellten Sätzen kurze Hindeutungen auf die Beweise, Anweisung zur Construction der dazu nöthigen Figuren, und Anleitung zu schriftlichen Arbeiten beigefügt. Ich halte diese letztern auch in andrer Beziehung für sehr bildend, für das klare Auffassen der mathematischen Wahrheiten aber besonders nützlich, da ein jeder hier alles nur so fern und so weit hat, als er es aus sich selbst entwickelt hat. Der Lehrer läßt die Arbeit von einigen Schülern vorlesen, und knüpft daran die Wiederholung. Von Zeit zu Zeit läßt er sich die Bücher abgeben, um zu sehen, ob alles in Ordnung ist. — Wo die Schüler schon in solchem Uebermaaß mit schriftlichen Arbeiten, insbesondere mit solchen, welche bloß dem Gedächtnisse zu Hülfe kommen sollen, überhäuft sind, daß sich zwischen diesen keine neue mehr eindrängen und keine verdrängen läßt, (ein Zustand, welcher jetzt häufig stattfinden mag) da können diese Anleitungen doch noch zur Vorbereitung und Wiederholung dienen; die Construction der Figuren aber ist unerläßlich, da diese hier größtentheils nicht gegeben sind, und da der Schüler die Gesetze, nach welchen sie entworfen sind, viel sicherer und fester anschaut, wenn er sie selbst gezeichnet hat, als wenn er sie auf der Kupfertafel vorfindet.

Die angehängten Aufgaben sind, wenigstens in der ersten Hälfte, möglichst so geordnet, daß ein talentvoller Schüler die Auflösung, auch ohne Unterricht in der Mathematik gehabt zu haben, finden kann, und auch dem weniger fähigen dieses, mit einiger Nachhülfe von Seiten des Lehrers, gelingen wird. Diese Einrichtung schien nothwendig, um die während der Dauer eines Cursus neu eintretenden Schüler nicht unbeschäftigt zu lassen. Sie machte es nothwendig, eine Aufgabe öfters durch mehre andre einzuleiten, und dabei auch wohl eine früher schon vorgekommene zu wiederholen. Für diejenigen Schüler, welche den Unterricht in der Größenlehre schon gehabt haben, hebt der Lehrer nur die Hauptaufgaben hervor, und läßt diese von ihnen lösen; die übrigen können alle in ihrer Reihenfolge aufgegeben werden, bis zur 94sten. Von den hierauf folgenden Aufgaben (Nr. 96—183), insbesondre von den nicht wörtlich ausgedrückten, streicht der Lehrer jedem Schüler diejenigen, welche er zu lösen hat, mit einem Bleistift an, dem einen diese, dem andern jene, wie sichs eben trifft, damit nicht einer vom andern abschreibt, oder vererbte Hefte gebraucht.

Wo die Kinder zu arm sind, um sich durchgängig mit den Büchern zu versehen, kann der Lehrer jede Aufgabe auf ein Octavblatt starken Papiers schreiben, und die nöthigen Linien, Winkel oder Figuren darunter setzen.

Stettin, den 12. April 1826.

J. G. Graßmann.

Vorrede zur dritten Auflage.

Die kleine Schrift, deren dritte Auflage hier erscheint, ist ein Auszug aus einer größern, welche in den Jahren 1817 und 1824 in der nämlichen Verlagshandlung in 2 Bänden erschienen, und bestimmt ist, in den Händen des Lehrers zu sein, zu welchem Ende sie ausführlichere Entwickelungen, so wie hauptsächlich methodische Anleitungen enthält. Die vorliegende Schrift sollte dagegen das Handbuch der Schüler sein. Es ist dieses Verhältniß häufig übersehen worden, indem mir Fälle vorgekommen sind, wo Lehrer diesen Auszug jahrelang gebraucht haben, ohne von dem Vorhandensein der größeren Schrift etwas gewußt zu haben. — Die günstige Aufnahme, welche das Schulbuch gefunden hat, legte mir die Pflicht auf, es von Neuem durchzusehen, und wo es nöthig schien zu verbessern und zu vervollständigen. Da es nicht bloß in den untern Classen höherer, sondern vielfältig auch in den mittlern und niedern Schulen eingeführt ist, wo es dann meistens den ganzen darin vorkommenden geometrischen Cursus ausmacht, so schien es zweckmäßig, den Stoff desselben so abzugrenzen, daß es für eine solche Bildungsstufe, wie auf diesen Schulen erreicht werden kann, ausreichend sei. Zu diesem Ende durften die wichtigsten Begriffe und Sätze der Stereometrie, schon ihrer practischen Wichtigkeit wegen, nicht füglich fehlen; sie sind daher dieser Auflage, in Begleitung von Aufgaben uud den nöthigen Figuren beigefügt, und von dem Herrn Verleger aufs bereitwilligste und ohne Preiserhöhung aufgenommen. — Ueber die Anwendung, so wie über den Umfang und Gebrauch habe ich mich hinreichend in der Vorrede zum zweiten Bande der oben angeführten Raumlehre erklärt, und kann mich daher darauf beziehen.

Stettin, den 15. Januar 1843.

J. G. Graßmann.

Inhalts-Anzeige.

Allgemeine Vorübungen zur Raumlehre.

Erster Theil.

Ebene räumliche Verbindungslehre.

Zweiter Theil.

Ebene räumliche Größenlehre.

Vorübungen zur Raumlehre.

Erster Abschnitt.

Rückgang vom Körper zum Punkte.

1. Jedes Ding, was man anfassen kann, ist ein Körper. In der Raumlehre sieht man nur auf den Raum, den jeder Körper einnimmt.

2. Die Größe eines Körpers läßt sich nach 3 Abmessungen (Dimensionen) bestimmen; jeder Körper hat Länge, Breite und Dicke.

3. Die Grenzen der Körper sind Flächen. Eine Fläche hat nur zwei Abmessungen, Länge und Breite, aber keine Dicke.

4. Die Grenzen der Flächen sind Linien. Eine Linie hat nur eine Abmessung, Länge, aber keine Breite und Dicke.

5. Die Grenzen der Linien sind Puncte. Ein Punct hat gar keine Ausdehnung, weder Länge noch Breite noch Dicke. Er bezeichnet bloß eine gewisse Stelle.

Anleitung zu häuslichen Arbeiten für die Schüler. — Nehmet euch einen Würfel vor und schreibet auf, wieviel Flächen, Linien und Puncte ihr an demselben findet. Dasselbe kann mit einer sechsseitigen Spitzsäule (Pyramide) geschehen.

Würden mehre Puncte aneinandergesetzt eine Linie, mehre Linien nebeneinandergelegt eine Fläche, mehre Flächen aufeinandergelegt einen Körper geben? Warum nicht?

Zweiter Abschnitt.

Richtung.

1. Eine Bewegung hat einen Anfang, eine Bewegungszeit oder eine Dauer, ein Ende, einen Anfangsort, einen Bewegungsraum oder eine Länge, einen Endort, und eine Richtung. — Wir wollen hier vorzüglich nur auf die letztere sehen.

2. Man kann von einem freien Puncte aus nach allen möglichen Richtungen Bewegungen machen. Die **Hauptrichtungen**, nach dem Stande unsers eigenen Körpers benannt, sind folgende: **aufwärts**, **abwärts**, **rechts**, **links**, **vorwärts**, **rückwärts**.

Welche von diesen Richtungen sind senkrechte, welche wagrechte? welche sind einander entgegengesetzt? — Nach welchen Richtungen geht meine Bewegung, wenn ich den Finger um die gerade vor mir auf dem Tische liegende Tafel bewege, und dabei von der nächsten linken Ecke anfange und nach der rechten fortschreite u. s. w., bis ich wieder dahin gelange, von wo ich ausgegangen bin? Wie würde es sein, wenn die Tafel vor mir an der Wand hinge? Könntet ihr wohl 3 Stöckchen mit Wachs so aneinander kleben, daß sie nach den 6 Hauptrichtungen zeigten?

Anmerkung für die Kinder. Ihr müßt die Antworten auf die vorgelegten Fragen so aufschreiben, daß man es verstehen kann, wenn man die Frage auch nicht gelesen hat. Z. B. die erste der obigen Fragen beantwortet ihr so: von den 6 Hauptrichtungen, nennt man die Richtungen aufwärts und abwärts senkrechte, die übrigen, nämlich rechts, links, vorwärts und rückwärts nennt man wagrechte.

3. Zwischen den Hauptrichtungen kann man nach folgenden Richtungen Bewegungen machen, welche man **Zwischenrichtungen** nennt: rechts aufwärts, links aufwärts, vorwärts aufwärts, rückwärts aufwärts, — rechts abwärts, links abwärts, vorwärts abwärts, rückwärts abwärts — rechts vorwärts, links vorwärts, rechts rückwärts, links rückwärts.

Wieviel Zwischenrichtungen liegen um jede Hauptrichtung? Welche Zwischenrichtungen können gerade entgegengesetzt sein? Sind alle Bewegungen gleich gerichtet, welche nach gleichnamigen Zwischenrichtungen gehen? Wie unterscheiden sich hierin die Zwischenrichtungen von den Hauptrichtungen?

4. Eine Fläche, in welcher man nach allen Seiten Bewegungen machen kann, welche ihre Richtung nicht verändern, heißt eine ebene Fläche oder eine Ebene. Die Ebene durch die 4 wagrechten Hauptrichtungen heißt die wagrechte Ebene.

5. Die Ebene durch die Hauptrichtungen aufwärts, abwärts, rechts und links, nennen wir die senkrechte seitwärts gehende Ebene.

6. Die Ebene durch die Hauptrichtungen aufwärts, abwärts, vorwärts und rückwärts nennen wir die senkrechte vorwärts gehende Ebene. Die 3 genannten Ebenen heißen Hauptebenen.

Nach welchen Haupt- und Zwischenrichtungen kann man in jeder der drei Hauptebenen Bewegungen machen? In welchen Richtungen durchschneiden sich je 2 derselben? Was für eine Ebene ist die Oberfläche eines ruhig stehenden Wassers? Was für eine Ebene würde die Fronte eines Hauses sein, wenn sie glatt wäre, und man gerade davor stände? was für eine die Giebelwand? die Decke der Zimmer? das Dach? Könnt ihr wohl 3 runde Stücke Notenpapier so ausschneiden und zusammensetzen, daß sie die drei Hauptebenen vorstellen können.

7. Die Richtungen, welche nicht in den 3 Hauptebenen liegen, nennt man Aussenrichtungen. Es sind folgende: rechts vorwärts aufwärts, links vorwärts aufwärts, rechts rückwärts aufwärts, links rückwärts aufwärts, rechts vorwärts abwärts, links vorwärts abwärts, rechts rückwärts abwärts, links rückwärts abwärts.

Welche Aussenrichtungen liegen um jede Hauptrichtung? welche können einander gerade entgegengesetzt sein? Sind alle Bewegungen nach gleichnamigen Aussenrichtungen gleichgerichtet?

8. Ein geometrischer Punct hat keine Länge, Breite und Dicke. Einen solchen kann man aber nicht zeichnen. Dem Zeichen eines Punctes giebt man so viel Länge, Breite und Dicke, als nöthig ist, um dem Auge sichtbar zu sein. Eben so muß auch das Zeichen einer Linie, der Strich, nur so viel Breite und Dicke haben als nöthig ist, um es wahrzunehmen.

Wie kann wohl eine Linie aus einem Puncte, das Zeichen einer Linie aus dem Zeichen eines Punctes entstehen? — Zeichnet jeder einige Striche und gebt ihnen nicht mehr Breite als durchaus erforderlich ist, um gesehen werden zu können? Sind das nun geometrische Linien?

9. Wenn ein Punct sich so bewegt, daß er überall dieselbe Richtung behält, so heißt die Linie, welche seinen Weg bezeichnet, eine gerade; verändert der Punct nur hin und wieder seine Richtung, so heißt sie eine gebrochene; verändert er überall seine Richtung, eine krumme.

Zeichnet jeder einige gerade, gebrochene und krumme Striche. — Kann ein gebrochener und ein krummer Strich wohl aus mehren geraden bestehen?

10. Eine Fläche kann sich nur an einem Körper befinden, dessen Grenze sie ist. Ist der Körper beweglich, und eine Fläche desselben eben, so kann man diese in jeder beliebigen Ebene halten. Man denkt sich aber eine solche Fläche, wie z. B. die Schiefertafel, ein Blatt Papier immer in der senkrechten, seitwärts gehenden Ebene und sieht aus den Buchstaben oder Zahlen leicht, welche Seite oben sein muß. Hiernach bezeichnet man die Richtung der in dieser ebenen Fläche gezeichneten Striche als wagrecht, senkrecht, schräg u. s. w.

11. Jeder Strich muß zwar begrenzt sein, man kann sich aber doch unbegrenzte oder unendliche Linien denken. Diese werden künftig immer verstanden, wenn von Linien schlechthin die Rede ist. Zwei oder mehr unendliche Linien können sich nicht in ihrer Länge, sondern allein in ihrer Richtung von einander unterscheiden. Dieß ist daher diejenige Verschiedenheit, nach welcher wir sie nunmehr verknüpfen wollen.

Erster Theil.

Ebene räumliche Verbindungslehre.

Erster Abschnitt.

Verbindung gerader Linien in Beziehung auf die dadurch entstehenden Durchschnittspuncte.

1.

1. Zwei oder mehr g. Ln. (gerade Linien) welche gleiche Richtung haben, nennt man **gleichlaufende Linien** oder **Parallelen**; haben sie aber nicht gleiche Richtung, so heißen sie **ungleichlaufende**.

2. Gleichlaufende Linien können sich nirgend durchschneiden.

Zeichnet jeder einige Paare gleichlaufender, und auch einige Paare ungleichlaufender Striche. — Wenn sich 2 Striche durchschneiden, können sie dann wohl gleichlaufend sein? Wenn sich 2 gerade Striche nicht durchschneiden, sind sie darum gleichlaufend?

2.

Aufgabe. Es ist eine gewisse Anzahl von Linien gegeben, welche theils gleichlaufend, theils ungleichlaufend sind. Man soll alle möglichen Fälle des Gleichlaufens und Ungleichlaufens aufsuchen und zusammenstellen.

Beisp. Wenn 5 g. Ln theils gleichlaufend, theils ungleichlaufend sind, so können folgende Fälle stattfinden. Es können sein

1.	entweder	4	gleichlaufend und	1	ungleichlaufend,
2.	oder	3	= =	2	=
3.	=	2	= =	3	=
4.	=	2	gllfd. u. wieder 2 und	1	=
5.	=	3	= = =	2	gleichlaufend, aber mit den vorigen ungleichlaufend.

Welche Fälle können bei 6 und 7 g. Ln stattfinden? Nach wievielen Richtungen können 9 g. Ln höchstens gleichlaufend sein? Wieviel g. Ln sind wenigstens erforderlich, um gleichlaufende nach 5 Richtungen zu haben?

Durchschnittspuncte.

3.

1. Zwei g. Ln können sich nur in Einem Puncte durchschneiden, und sind dann ungleichlaufend.

2. Sind mehr als 2 g. Ln vorhanden, so läßt sich die höchste Anzahl von Durchschnittspuncten finden, wenn man annimmt, daß eine jede von jeder der übrigen durchschnitten werde.

Aufgabe. Wieviel Durchschnittspuncte können 4 g. Ln höchstens haben?

Aufl. 1. Denkt man sich zuerst 2 g. Ln, so können sich diese nur in 1 Puncte durchschneiden. Kommt nun die dritte g. L hinzu, so kann sie jede von den beiden vorhandenen nicht öfter als einmal durchschneiden, und es entstehen also 2 neue Durchschnittspuncte. Kommt endlich die vierte g. L. hinzu, so kann sie jede der 3 vorhandenen nur einmal durchschneiden, also nur 3 neue Durchschnittspuncte hervorbringen. Es werden also überhaupt aus dem Durchschnitt von 4 gn Ln nicht mehr als $1 + 2 + 3 = 6$ Durchschnittspuncte entstehen können.

Aufl. 2. Wenn sich 4 g. Ln in der höchsten Anzahl von Puncten durchschneiden, so durchschneidet jede die 3 übrigen. In jeder stehen also 3 Durchschnittspuncte, und da 4 Linien vorhanden sind, so würde man auf solche Weise $4 . 3 = 12$ Durchschnittspuncte zählen. Allein jeder Punct steht in 2 Linien zugleich, und ist also zweimal gezählt. Will ich also die richtige Anzahl von Durchschnittspuncten haben, so muß ich von der vorhin gefundenen Zahl die Hälfte nehmen. Die richtige Anzahl der Durchschnittspuncte ist daher $\frac{4 . 3}{2} = 6$.

Dieselbe Auflösung ist nun für eine andre beliebig zu wählende Anzahl von Linien auszuführen, und mit einer Zeichnung zu begleiten.

Wieviel Durchschnittspuncte können 5, 6, 7, 8, 9, 10 g. Ln höchstens haben? — Auch für einige größere, beliebig zu wählende Mengen von Linien ist die größte Anzahl von Durchschnittspuncten zu bestimmen, jedoch ohne ausführliche Auflösung.

4

Wenn 3 oder mehr g. Ln durch Einen Punct gehen, so können sie sich (nach §. 3.) sonst nirgends durchschneiden, bilden also nur diesen Einen Durchschnittspunct. Wir wollen einen solchen Punct, in welchem sich mehr als 2 g. Ln durchschneiden, künftig einen **gehäuften Punct** nennen.

5.

Sind von den gn Ln einige gleichlaufend, andre ungleichlaufend, so gehen von der höchsten Anzahl von Durchschnittspuncten, welche nach §. 3. entstehen würden, so viele verloren, als die gleichlaufenden unter sich bilden könnten. (§. 1. u. 2.). Hiernach läßt sich für jede Anzahl gleichlaufender und ungleichlaufender Linien, von denen nirgend mehr als 2 durch Einen Punct gehen, die Anzahl der Durchschnittspuncte berechnen.

Beisp. Wenn von 9 gn Ln 6 gleichlaufend, die übrigen ungleichlaufend sind, so giebt es nicht mehr als 21 Durchschnittspuncte. — Jeder suche sich selbst noch einige andere Beispiele und löse sie auf. Für eins derselben kann die ausführliche Auflösung aufgeschrieben werden.

Für die sämmtlichen §. 2. aufgeführten Fälle von 5 gn Ln ist die Zahl der Durchschnittspuncte zu bestimmmen. Auch sind diese Fälle sämmtlich zu zeichnen.

6.

Aufg. Die Anzahl der Durchschnittspuncte zu finden, wenn zwar alle Linien ungleichlaufend sind, aber doch mehr als 2 durch Einen Punct gehen. — **Beisp.** Von 8 gn Ln gehen 6 durch Einen Punct, wieviel Durchschnittspuncte kann es geben? **Antw.** — 14 —

Aufl. 1. Die 6 gn Ln, welche durch Einen Punct gehen, durchschneiden sich nicht weiter (§. 4.); die 7te durchschneidet die vorhandenen 6, und die 8te die nunmehr vorhandenen 7 Linien. Es giebt also überhaupt $1+6+7=14$ Durchschnittspuncte.

Aufl. 2. 8 g. Ln können sich (nach 3.) höchstens in $\frac{8.7}{2}=28$ Puncten durchschneiden. Die 6 ersten könnten

$\frac{6.5}{2} = 15$ Durchschnittspuncte haben, haben hier nach der Aufgabe aber nur Einen. Es gehen hier also 14 Durchschnittspuncte verloren. 28 — 14 = 14.

Wieviel Durchschnittspuncte entstehen, wenn von 5 gn Ln 4 durch Einen Punct gehen? wieviel, wenn von 6, 4; von 7, 5; von 9, 6; von 10, 5 durch Einen Punct gehen? Aehnliche Beispiele kann sich jeder selbst suchen. Die einfachern sind mit einer Zeichnung zu begleiten. Eins dieser Beispiele ist ausführlich aufzulösen, bei den übrigen bloß die herauskommende Zahl anzugeben.

7.

Aufg. Die Anzahl der Durchschnittspuncte zu finden, wenn einige Linien gleichlaufend, andre ungleichlaufend sind, und auch mehr als 2 durch Einen Punct gehen.

Die vollständige Auflösung des nachfolgenden Beispiels kann, nach Anleitung der vorhergehenden Paragraphen, jeder selbst ausführlich aufsetzen: Wenn von 9 gn Ln 5 gleichlaufend sind, und 4 durch Einen Punct gehen, wieviel Durchschnittspuncte giebt es? — Aehnliche Beispiele hat sich jeder mehre aufzusuchen, aber bloß die Zahl ohne ausführliche Auflösung anzugeben. Die einfachern Beispiele sind mit einer Zeichnung zu begleiten.

Strahlen.

8.

1. Jede g. L. geht von einem in derselben gesetzten Puncte aus nach 2 Richtungen, welche einander entgegengesetzt sind.

2. Insofern man eine g. L. bloß auf einer Seite eines in derselben befindlichen Punctes betrachtet, nennt man sie einen **Strahl**.

Wie sind die Strahlen einer senkrechten Linie gerichtet, wenn man darin einen Punct setzt? wie die einer wagrechten in der Ebene der Tafel oder des Papiers? (Vorübungen Abschn. II. §. 10.), wie die einer schrägen, welche sich nach oben rechts hinüber neigt? Wenn 5 g. Ln durch einen Punct gehen, wieviel Strahlen entstehen? — Wenn in einer gr. L. 5 Puncte stehen, wieviel Stralen lassen sich auf derselben angeben?

9.

Eine g. L. zerfällt in zweimal so viel Strahlen als Puncte in derselben stehen.

10.

Aufgabe. Für eine bestimmte Anzahl von Linien, welche sich unter gegebenen Bedingungen durchschneiden, die Zahl der Strahlen zu bestimmen, in welche sie sich von den Durchschnitten aus gegenseitig zerfällen.

Aufl., wenn 8 g. Ln. sich in der höchsten Anzahl von Puncten durchschneiden: Jede von den 8 gn. Ln. wird vou den 7 übrigen geschnitten, erhält 7 Durchschnittspuncte, und zerfällt von diesen aus in 14 Strahlen. Sämmtliche 8 g. Ln enthalten daher 8 . 14 = 112 Strahlen.

Einige andre Beispiele kann sich jeder selbst suchen.

11.

1. Den Unterschied in der Richtung zweier Strahlen, die von Einem Puncte ausgehen, nennt man einen Winkel.

2. Den Punct, von welchem die Strahlen ausgehen, nennt man den Scheitelpunct des Winkels, und die beiden Strahlen selbst heißen in Beziehung auf den Winkel die Schenkel desselben.

Welches sind die Winkel, welche in F. 1. die sich durchschneidenden Linien bilden? wie können sie benannt werden? welches ist der Scheitelpunkt, und welches sind die Schenkel eines jeden?

Winkel an Einem Puncte.

12.

Wenn man in eine g. L. einen Punct setzt, so sind die beiden Strahlen, in welche sie zerfällt, entgegengesetzt gerichtet. Man könnte dieses Verhältniß der Richtung nun allerdings auch einen Winkel nennen; wir wollen hier aber nur die eigentlichen oder hohlen Winkel in Betracht ziehen. Durchschneiden sich nun 2 g. Ln (bc und de in a Fig. 1.), so kann ihre Richtung auf vierfache Weise auf einander bezogen werden. Jede Linie zerfällt nämlich in 2 Strahlen, und jeder Strahl der einen Linie weicht von den beiden entgegengesetzten Strahlen der andern Linie in seiner Richtung ab. Es entstehen also 4 Winkel.

Wenn ich die Linie bc F. 1. als die erste betrachte, wie kann ich die Richtung des Strahles ae darauf beziehen? und welches sind die Winkel, welche aus dieser Beziehung entspringen? wie verhält sichs auf gleiche Weise mit dem Strahle ad?

Eine gleiche Auseinandersetzung ist noch an einer andern selbst zu wählenden Figur zu machen, in welcher aber die Linien anders gerichtet und mit andern Buchstaben bezeichnet sind.

13.

Wenn mehr als 2 g. Ln durch einen Punct gehen, so bilden sie doppelt so viele ungetheilte Winkel, als Linien vorhanden sind.

Der Satz ist für den Fall zu beweisen, daß 3, und auch für den, daß 4 g. Ln durch den Punct gehen.

14.

Aufg. Wenn mehre ungleichlaufende Linien sich in der höchsten Anzahl von Puncten durchschneiden, die Zahl der Winkel zu finden, welche sie mit einander bilden.

Die Zahl zer Winkel ist für 3, 4 rc. bis 10 g. Ln anzugeben. Für einen dieser Fälle kann eine ausführliche Auflösung gegeben werden, nach dem Muster der Aufl. §. 3., aber mit Rücksicht auf §. 12. — Die Fälle, wo 3, 4, 5 und 6 g. L. vorhanden sind, sind mit einer Zeichnung zu begleiten. — Für 3 g. Ln sind die Winkel zu bezeichnen und zu benennen. — Endlich kann sich jeder noch einige Beispiele wählen, wo die Zahl der Linien größer als 10 ist, und die Zahl der Winkel berechnen.

15.

Aufg. Die Anzahl der Winkel zu finden, wenn eine gegebene Menge theils gleichlaufender, theils ungleichlaufender gr Ln sich in der höchsten Anzahl von Puncten durchschneiden.

Warum können gleichlaufende Linien keine Winkel mit einander bilden? wie verhält es sich hier mit der Abweichung in der Richtung? (vergl. §. 1.).

Für die sämmtlichen §. 2. aufgeführten Fälle von 5 gn Ln ist die Anzahl der Winkel zu bestimmen und zu zeichnen. Einer von diesen Fällen ist ausführlich aufzulösen.

Außerdem kann sich jeder noch einige beliebige Beispiele wählen, und die Zahl der Winkel berechnen.

16.

Aufg. Die Zahl der ungetheilten Winkel zu finden, welche von gegebenen ungleichlaufenden Linien, von denen mehr als 2 durch Einen Punct gehen, gebildet werden können.

Aufl., wenn von 6 gn Ln 4 durch Einen Punct gehen. — Die 4 gn Ln, welche durch einen Punct gehen, bilden 8 Winkel. (§. 13.). Die 5te Linie kann mit jeder der 4 vorhandenen 4 Winkel, überhaupt also 16, die 6te mit jeder der 5 nun vorhandenen auch 4 Winkel, überhaupt also 20 neue Winkel bilden. Es entstehen also $8 + 16 + 20 = 44$ Winkel.

Oder: 6 g. Ln würden (nach §. 14.) $2 . 6 . 5 = 60$ Winkel bilden. Die 4, welche durch Einen Punct gehen, würden dann 24 Winkel bilden, geben hier aber nur 8, folglich 16 W. weniger als sie geben könnten; $60 - 16 = 44$.

Wieviel ungetheilte Winkel werden gebildet, wenn von 5 gn Ln 4, von 6 gn Ln 5, von 7 gn Ln 4, von 8 gn Ln 5 durch Einen Punct gehen? Eins dieser Beispiele ist mit einer vollständigen Auflösung, die übrigen mit einer Zeichnung zu begleiten. — Ausser diesen kann sich jeder noch selbst einige Beispiele mit größern Zahlen wählen.

17.

Aufg. Wie groß ist die Anzahl der ungetheilten Winkel, wenn von den gegebenen, theils gleichlaufenden, theils ungleichlaufenden Linien auch mehr als 2 durch Einen Punct gehen?

Die Auflösung ist für den Fall, daß von 4 gn Ln 2 gleichlaufend sind, und 3 d. E. P. gehen, vollständig auszuführen.

Wieviel ungetheilte Winkel entstehen, wenn von
5 gn. Ln 3 gllfd sind, und 3 durch E. P. gehen,
6 „ „ 4 „ „ „ 3 „ „ „ „
7 „ „ 3 „ „ „ 4 „ „ „ „
8 „ „ 4 „ „ „ 5 „ „ „ „
Einige selbst zu wählende Beispiele kann jeder noch hinzufügen.

18.

Wenn mehr als 2 g. Ln durch Einen Punct gehen, und man zählt nicht bloß die ungetheilten, sondern auch die getheilten Winkel, so erhält man eben so viele, als wenn sie sich in der höchsten Anzahl von Puncten durchschnitten, denn man kann sodann die Richtung jeder 2 Ln in vierfacher Hinsicht auf einander beziehen.

In Fig. 2. sind zuerst die sämmtlichen ungetheilten, und dann auch die sämmtlichen getheilten Winkel anzugeben. — Die Beispiele der beiden vorigen §§. sind nun für Winkel überhaupt — getheilte und ungetheilte — aufzulösen — Selbst zu wählende Beispiele.

19.

Winkel, welche eine solche Lage haben, daß jede 2 aneinanderliegende einen gemeinschaftlichen Schenkel und alle einen gemeinschaftlichen Scheitelpunct haben, nennt man ihrer Lage nach **stetige** Winkel.

Kann ein Winkel wohl ohne alle Beziehung auf einen andern ein stetiger Winkel genannt werden? — Jeder schreibe aus Fig. 2. einige Winkel auf, welche ihrer Lage nach stetige Winkel sind. — Eine andre Figur zu zeichnen, worin stetige Winkel vorkommen. —

20.

1. Wenn die stetigen Winkel zusammengenommeu einen Winkel ausmachen (die äußersten Schenkel derselben also einen Winkel bilden, in welchem sie liegen) so heißen sie **stetige Winkel eines Winkels**, oder **stetige Winkel in einem Winkel**.

2. Liegen die beiden äußersten Schenkel dagegen gerade entgegengesetzt, eine g. L. bildend, so heißen sie **stetige Winkel an einer gn L.**

3. Bilden die äußersten Schenkel zwar einen Winkel, die stetigen Winkel liegen aber nicht in demselben, sondern um ihn herum, so nennen wir sie **stetige Winkel um einen Winkel**.

4. Stetige Winkel, bei denen kein Schenkel der äußerste ist, — die also rings um einen Punct liegen — heißen **stetige Winkel um einen Punct**.

Zu einer jeden dieser Erklärungen sind einige Beispiele aus Fig. 2. zu geben. — Was für stetige Winkel sind jede 2, jede 3, jede 4, jede 5, und alle 6 stetige Winkel in Fig. 2.? — Andre Beispiele an selbst zu wählenden Figuren.

21.

Durchschneiden sich in Einem Puncte nicht mehr als 2 g. Ln, so wird jede Veränderung in dem Einen Winkel auf alle übrigen Einfluß haben; wir werden daher alle

Verbindungen vollständig durchgehen müssen. Vier Winkel lassen sich in 6 Paare zusammen ordnen. Vier von diesen Paaren sind stetige Winkel an einer gn L., die beiden noch übrigen Paare liegen zwar gesondert, aber ihre Schenkel werden von denselben gn Ln gebildet, und sind nur entgegengesetzt gerichtet.

1. Zwei stetige Winkel an einer gn L. werden Nebenwinkel genannt.

2. Zwei Winkel an Einem Puncte, deren Schenkel gerade entgegengesetzt gerichtet sind, heißen Scheitelwinkel.

Wie würde die Erklärung der Nebenwinkel zu fassen sein, wenn man den Begriff der stetigen Winkel dabei nicht voraussetzt? Beispiele von Nebenwinkeln und Scheitelwinkeln aus Fig. 1. und 2.

Winkel an 2 Puncten.

22.

1. Winkel an 2 Puncten erhält man, wenn 2 g. Ln von einer dritten durchschnitten werden. Die beiden ersten Linien durchschneiden sich dann entweder gar nicht — sind gleichlaufend — oder man läßt ihren Durchschnittspunct wenigstens außer Acht. Wir nennen diejenige Linie, welche durch beide in Betracht gezogene Puncte geht, die durchschneidende, die beiden andern die durchschnittenen Linien.

Welches ist in Fig. 3. die durchschneidende, und welches sind die durchschnittenen Linien?

2. Die Winkel, welche zwischen beiden durchschnittenen Linien liegen, heißen innere, die übrigen äußere Winkel.

Welche Winkel sind in Fig. 3. innere, welche sind äußere Winkel?

3. Zwei Winkel, von denen der eine an dem einen, der andre am andern Puncte liegt, heißen entgegengesetzte, wenn sie auf derselben, Wechselswinkel, wenn sie auf verschiedenen Seiten der durchschneidenden Linie liegen.

Drei g. Ln bilden an 2 Durchschnittspuncten 8 Winkel. In wieviel Winkelpaare lassen sich diese 8 Winkel zusammenordnen? Wieviel von diesen Winkelpaaren sind Nebenwinkel? wieviele sind

Scheitelwinkel? und welche? Warum kommen diese Winkelpaare hier nicht in Betracht? Wieviel Winkelpaare bleiben noch übrig, wenn wir die Zahl der Nebenwinkel und Scheitelwinkel abziehn?

Jeder Winkel an dem einen Puncte (z. B. a) kann mit jedem Winkel an dem andern Puncte als ein Paar betrachtet werden. Wie groß findet sich hieraus die Zahl der Winkelpaare, welche an beiden Puncten liegen?

Jedes dieser Winkelpaare soll nun nach n. 1. und n. 3. benannt werden, indem man ausdrückt, ob beide Winkel äußere, oder beide innere, oder der eine ein äußerer, der andre ein innerer ist, — und zugleich, ob die Winkel entgegengesetzte oder Wechselswinkel sind. Sodann sollen die gleichnamigen zusammen geordnet und aus Fig. 3. benannt werden.

Welches sind also die äußern entgegensetzten Winkel?

Welches sind die innern entgegengesetzten?

Welches sind die äußern und innern entgegengesetzten? Diese nennt man auch gleichliegende Winkel.

Welches sind die innern Wechselswinkel? welches die äußern?

Welches sind die äußern und innern Wechselswinkel? — Wenn von Wechselswinkeln schlechthin die Rede ist so versteht man stets solche, welche entweder beides äußere oder beides innere Winkel sind.

23.

Wiederholung.

Aufgabe. Es soll die Zeichnung Fig. 4. nach allen bisher betrachteten Verhältnissen (§. 1 — §. 22.) durchgegangen, und das Wichtigste, was in allen diesen §§. vorgekommen ist, daran wiederholt werden.

(Siehe die Raumlehre für Volksschulen S. 125 sq., wo eine solche Wiederholung ausführlich dargestellt ist).

Zweiter Abschnitt.

Verbindung gerader Linien in Beziehung auf die dadurch entstehenden Seiten und Figuren.

Strecke, Seite.

24.

Ein Stück einer gn L. zwischen 2 darin gesetzten Puncten, nennen wir eine Strecke. In einer gn L. lassen sich also eben so viele Strecken als Paare von Puncten angeben.

Wieviel Strecken lassen sich in einer gn L. angeben, in welcher 4 Puncte stehen? — Die ausführliche Auflösung dieser Aufabe ist ganz nach dem Muster der beiden Auflösungen §. 3. zu machen, und daraus die allgemeine Regel zur Berechnung der Streckenzahl herzuleiten. Für einige selbst zu wählende kleinere und größere Mengen von Puncten ist hiernach die Zahl der Strecken zu berechnen.

25.

Durchschneiden sich ungleichlaufende g. Ln in der höchsten Anzahl von Puncten, so wird jede von den sämmtlichen übrigen durchschnitten. Man wird also die Zahl der Strecken finden können, welche sich auf jeder dieser Linien zwischen den Durchschnittspuncten angeben lassen, also auch die Zahl der Strecken, welche überhaupt zwischen den Durchschnittspuncten entstehen.

Aufgabe. Wieviel Strecken lassen sich zwischen den Durchschnittspuncten angeben, wenn sich 4 ungleichlaufende g. Ln in der höchsten Anzahl von Puncten durchschneiden?

Aufl. Wenn sich 4 g. Ln durchschneiden, so wird jede von den 3 übrigen durchschnitten, erhält also 3 Durchschnittspuncte, zwischen denen sich (nach 24.) 3 Strecken angeben lassen. Sind aber auf jeder Linie 3 Strecken, so sind auf 4 Linien deren 12.

Wieviel Strecken entstehen zwischen den Durchschnittspuncten von 5, 6, 7, 8 ungleichlaufenden Linien? — Einige größere Zahlen wähle sich jeder selbst, und versuche die Regel zur Berechnung aufzufinden.

26.

Aufg. Die Zahl der Strecken zu finden, welche zwischen den Durchschnittspuncten entstehen, wenn sich eine gegebene Anzahl theils gleichlaufender, theils ungleichlaufender gr Ln durchschneiden, — oder wenn zwar alle ungleichlaufend sind, aber mehr als 2 durch Einen Punct gehen.

Wieviel Strecken entstehen, wenn von 4 gn Ln 3 gleichlaufend, von 5 gn Ln 3 glfd, von 5 gn Ln 3 glfd und wieder 2 glfd, von von 7 gn Ln 3 glfd, und wieder 3 glfd und Eine unglfd sind? — Wieviel, wenn von 4 gn Ln 3 durch Einen Punct gehen? wieviel, wenn von 5 gn Ln 4, von 6 gn Ln 5, von 7 gn Ln 4 durch Einen Punct gehen?

Figur.

27.

Eine jede, nach allen Seiten begrenzte Fläche nennt man eine Figur. Ist die Fläche eine ebene, so heißt auch die Figur eine ebene; ist sie von lauter geraden Strecken begrenzt, so heißt sie eine geradlinige Figur. Die Strecken heißen in Beziehung auf die Figur ihre Seiten, und die Figur wird nach der Zahl derselben benannt. Eine Figur von 3 Seiten heißt ein Dreieck, von 4 Seiten ein Viereck u. s. w.

28.

Aufg. Die Zahl der ungetheilten Figuren zu finden, welche von einer gegebenen Menge ungleichlaufender Linien höchstens gebildet werden können, und die Regel zur Berechnung dieser Zahl aufzustellen.

Wieviel ungetheilte Figuren können 3, 4, 5 — 11, 12, 16 g. Ln höchstens bilden?

29.

Aufg. Die Zahl der ungetheilten Fig. zu finden, welche von einer gegebenen Menge theils gleichlaufender, theils ungleichlaufender gr Ln gebildet werden können, und die Regel zur Berechnung dieser Zahl aufzustellen, wenn nur nach 2 und nach 3 Richtungen Gleichlaufende vorhanden sind.

Aufl., wenn von 7 gn Ln 4 gleichlaufend sind. Die 4 gleichlaufenden bilden unter sich noch keine Figur, sondern lassen 3 nach beiden Seiten offene Streifen zwischen sich. Die erste ungleichlaufende schließt diese nach einer Seite, bildet also noch keine Figur, die zweite ungleichlaufende kann die nun vorhandenen 4 nach einer Seite schon geschlossenen Räume nach der andern Seite schließen, bildet also 4 Figuren; die dritte kann die jetzt vorhandenen 5 Räume nach der andern Seite schließen, bildet also 5 Figuren. Es werden also überhaupt $4 + 5 = 9$ Figuren entstehen.

Andre Aufl. wenn man die Ungleichlaufenden zuerst zieht. Wieviel ungetheilte Fig. entstehen, wenn von 6 gn. Ln. 3, von 8 gn Ln 4, von 11 gn Ln 5 gleichlaufend sind?

Wieviel ungetheilte Fig. entstehen, wenn von

4	gn	Ln	2	nach	Einer	2	nach	einer	andern	Richtung	gllfd.	sind?
5	=	=	3	=	=	2	=	=	=	=	=	=
6	=	=	3	=	=	3	=	=	=	=	=	=
7	=	=	4	=	=	3	=	=	=	=	=	=
9	=	=	6	=	=	3	=	=	=	=	=	=
12	=	=	7	=	=	5	=	=	=	=	=	=
6	=	=	2	=	=	2	=	=	2 nach einer dritten Richt. glfd.			
8	=	=	3	=	=	3	=	=	2	=	=	= = =

30.

Aufg. Die Zahl der ungetheilten Figuren zu finden, welche von einer gegebenen Menge ungleichlaufender gr Ln gebildet werden, von denen mehr als 2 durch Einen Punct gehen.

Wieviel ungetheilte Figuren entstehen, wenn von 4 gn Ln 3, von 5 gn Ln 3, von 6 gn Ln 4, von 8 gn Ln 5, von 11 gn Ln 7 durch Einen Punct gehen?

31.

Zählt man die Figuren ohne Unterschied, ob sie getheilt sind, oder nicht, so können jede 3 Ungleichlaufende ein Dreieck bilden. Hiernach wird sich die größte Anzahl der Dreiecke finden lassen, welche eine gegebene Menge gr Ln bilden können.

Aufg. Wieviel Dreiecke entstehen, wenn sich 5 Ungleichlaufende in der höchsten Anzahl von Puncten durchschneiden?

Aufl. Jede g. L. bildet mit jedem Paare aus den 4 übrigen ein Dreieck. Aus den 4 Linien lassen sich aber

$\frac{4 . 3}{2} = 6$ Paare bilden. Indem wir also von der ersten Linie ausgehen, kann man 6 Dreiecke angeben. Eben so viele lassen sich von der zweiten und von den übrigen aus angeben. Es scheint also, als ob wir 5 . 6 Dreiecke erhalten würden. Allein jedes Dreieck kommt hier dreimal vor, indem ich, von jeder seiner Seiten ausgehend, das nämliche Dreieck erhalte. Von der gefundenen Zahl muß ich also noch den dritten Theil nehmen. 5 g. Ln können daher höchstens $\frac{5 . 6}{3} = 10$ Dreiecke bilden.

Wie viel Dreiecke werden 4, 6, 7, 8, 10, 12 g. Ln höchstens bilden können? — Einer von diesen Fällen ist ausführlich aufzulösen. Auch ist die Regel zur Berechnung der Zahl der Dreiecke aus der Zahl der Linien anzugeben.

32.

Aufg. 1. Die Zahl der Dreiecke zu finden, welche eine gegebene Menge theils gleichlaufender, theils ungleichlaufender Linien mit einander bilden.

Zur Aufl. Gleichlaufende können weder unter sich, noch mit einer Ungleichlaufenden, wohl aber kann eine Gleichlaufende mit 2 Ungleichlaufenden ein Dreieck bilden. Hat man Gleichlaufende nach mehren Richtungen, so muß man doch immer berücksichtigen, daß nur aus 3 unter sich ungleichlaufenden Ln ein Dreieck entstehen kann.

Wieviel Dreiecke bilden

2 Gleichlaufende, und		. .	2 Ungleichlaufende?
3 =	=	. .	2 =
4 =	=	. .	3 =
8 =	=	. .	4 =
2 glfde und wieder		2 glfde	1 =
4 = =	=	3 =	2 =

Aufg. 2. Die Zahl der Dreiecke zu finden, wenn auch mehr als 2 g. Ln durch Einen Punct gehen.

Zur Aufl. Die Linien, welche durch Einen Punct gehen, könnten unter sich Dreiecke bilden, wenn sie nicht durch diesen Punct gingen. Diese gehen also verloren.

Wieviel Dreiecke entstehen, wenn von 4 gn Ln 3, von 5 gn Ln 4, von 6 gn Ln 3, von 8 gn Ln 4, von 10 gn Ln 7 durch einen Punct gehen?

33.

So wie 3 g. Ln ein Dreieck, so können 4 g. Ln ein Viereck, 5 g. Ln ein Fünfeck u. s. w. bilden.

34.

1. Gleichlaufende nach 2 Richtungen bilden zwar unter sich kein Dreieck, wohl aber eine Gattung vierseitiger Figuren, welche man **spathige Vierecke** (Parallelogramme) nennt.

2. Ein spathiges Viereck ist ein solches, in welchem jede 2 gegenüberstehende Seiten gleichlaufend sind.

3. Jede 2 Gleichlaufende nach Einer Richtung, bilden mit jeden 2 Gleichlaufenden nach einer andern ein spathiges Viereck.

Wieviel spathige Vierecke entstehen, wenn man hat

3	Glsde	nach	Einer	und	2	Glsde	nach	e.	a.	R.?
4	=	=	=	=	2	=	=	=	=	=
4	=	=	=	=	3	=	=	=	=	=
5	=	=		=	3	=	=	=	=	=
7	=	=	=	=	4	=	=	=	=	=
7	=	=	=	=	6	=	=	=	=	=

Eine dieser Aufgaben ist vollständig zu lösen, und die Regel zur Berechnung anzugeben.

35.

Aufg. Die Zahl der spathigen Vierecke zu finden, welche aus der Verbindung Gleichlaufender nach 3 und mehr Richtungen entstehen.

Zur Aufl. Man gehe genau nach 34, 3. Zuerst berechne man die Zahl der Vierecke, welche aus den Ln nach der 1sten und 2ten Richtung, dann die, welche aus denen nach der 1sten und 3ten, 1sten und 4ten, 2ten und 3ten u. s. w. entstehen, und addire alles zusammen.

Wieviel spathige Vierecke entstehen, wenn

2	Ln	nach	Einer,	2	n.	e.	a.	u.	2	n.	e.	3.	R.	glsd.	sind?
3	=	=	=	2	=	=	=	=	2	=	=	=	=	=	=
3	=	=	=	3	=	=	=	=	2	=	=	=	=	=	=
4	=	=	=	3	=	=	=	=	3	=	=	=	=	=	=
5	=	=	=	4	=	=	=	=	3	=	=	=	=	=	=

Verbindung von Figuren.

36.

Wenn man Figuren mit einander verbinden will, so kann man entweder darauf sehen, wie sie an Einem oder an mehren Puncten mit einem ihrer Winkel liegen — oder man kann darauf sehen, wieviel Seiten und Winkel sie gemein haben und ob sie zum Theil in einander fallen oder ganz außer einander liegen.

37.

Nach der Lage der Winkel kann man die Figuren als stetige Figuren, als Nebenfiguren, Scheitelfiguren, entgegengesetzte und Wechselfiguren verbinden und auf einander beziehen.

Jeder zeichne einige stetige Dreiecke, Nebendreiecke rc., bezeichne sie mit Buchstaben und benenne sie.

38.

Aufg. Zu untersuchen, wie 2 Dreiecke in den nachfolgenden Fällen in oder aneinander liegen, und ob 2 Seiten beider Dreiecke gleichlaufend sind, oder sich durchschneiden können:

1. wenn die Dreiecke eine gemeinsame Seite und Winkel haben,
2. wenn sie nur einen gemeinsamen Winkel haben,
3. wenn sie nur eine gemeinsame Seite haben, und entweder beide auf derselben, oder auf verschiedenen Seiten liegen.

39.

Eine gerade Strecke, durch eine geradlinige mehr als dreiseitige Figur von einem Winkelpuncte zu einem andern gezogen, heißt eine Gehre oder Diagonale.

Aufg. Zu untersuchen, wie die Dreiecke als stetige an einander liegen, welche entstehen, wenn man eine Figur von mehr als 3 Seiten durch gerade Strecken zerlegt.

1. die von einem Winkelpuncte aus nach den übrigen,
2. die von einem Puncte in einer Seite nach den Winkelpuncten,
3. die von einem Puncte innerhalb der Figur nach den Winkelpuncten gezogen sind.

40.

Die beiden Reihenfolgen, zu welchen wir durch Verbindung der Linien gelangten, sind nun folgende:

Linie.

Durchschnittspunct.

Strahl, Schenkel — Strecke, Seite

Winkel — Figur

Winkelgebinde — Figurengebinde.

In keiner dieser Reihenfolgen können wir zu höhern Verbindungen aufsteigen; es bleibt uns also nur noch übrig, die beiden Reihen auf einander zu beziehen.

Aufg. Wie können Seiten und Winkel in einem Dreieck als anliegend und gegenüberstehend auf einander bezogen werden? Beispiele.

41.

Diejenigen Winkel, welche von den Seiten einer Figur unmittelbar gebildet werden, heißen innere, ihre Nebenwinkel äußere Winkel. Nimmt man einen äußern Winkel am Dreieck, so heißen die beiden innern an den übrigen Winkelpuncten, seine beiden inneren Gegenwinkel. Die inneren Winkel eines Vierecks können bezeichnet werden, als an Einer Seite liegend, oder als gegenüberstehend. Eben so werden auch 2 Seiten eines Vierecks entweder aneinanderstoßend oder gegenüberstehend sein müssen.

Zu den vorstehenden Erklärungen sind Beispiele an selbstgewählten Figuren zu suchen.

Dritter Abschnitt.

Verbindung der Kreise mit geraden Linien und unter sich.

42.

Wenn eine begrenzte g. L. oder Strecke sich in einer Ebene um den Einen unverrückten Endpunct so weit herumschwenkt, bis sie wieder in ihrer vorigen Lage ist, so erzeugt sie dadurch einen allseitig begrenzten Flächenraum, welchen man einen Kreis oder eine Kreisfläche, auch wohl eine Scheibe nennt. Die begrenzende Linie ist eine krumme und heißt der Umkreis oder die Peripherie. Der als unbeweglich gedachte Punct, um welchen sich die Strecke schwenkte, heißt in Beziehung auf den Kreis, der Mittetelpunct.

Mehrere Kreise sauber zu zeichnen, und Linien, Strecken, Winkel, Figuren auf alle Arten damit zu verbinden.

43.

Eine g. L. durch den Kreis heißt, so weit sie im Kreise liegt, eine Sehne. Sie theilt die Kreisfläche in 2 Kreisabschnitte, und die Kreislinie in 2 Bogen. Eine Sehne durch den Mittelpunct heißt ein Durchmesser, und seine Hälfte, vom Mittelpuncte bis zum Kreisumfange, ein Halbmesser oder Radius. Eine g. L., welche den Kreis nur in Einem Puncte berührt, ohne in die Kreisfläche hineinzugehn, heißt eine Streiflinie oder Tangente.

Alle genannten Linien an einem Kreise zu zeichnen und gehörig zu benennen.

44.

Ein Winkel, welcher mit seinem Scheitel am Mittelpuncte des Kreises liegt, heißt ein Winkel am Mittelpuncte, und wird von 2 Halbmessern gebildet, welche einen Bogen begrenzen, der zu diesem Winkel am Mittelpuncte gehört, und auf welchem er steht. Der Theil der Kreisfläche zwischen den Schenkeln dieses Winkels und dem dazu gehörigen Bogen heißt ein Kreisausschnitt.

Die dazu gehörigen Zeichnungen zu entwerfen.

45.

Ein Winkel, welcher mit seinem Scheitel im Umfange des Kreises liegt, und von 2 Sehnen gebildet wird, heißt ein Winkel am Umkreise, oder an der Peripherie, und steht auf dem Bogen, welchen er zwischen seine Schenkel faßt. Ist dieser Bogen größer als der Halbkreis, so nennt man ihn auch einen Winkel im Kreisabschnitte.

Ein Winkel, welcher von 2 Sehnen oder deren Verlängerung gebildet wird, kann mit seinem Scheitel auch innerhalb oder außerhalb des Kreises liegen.

Sind 2 Sehnen gleichlaufend, so heißt der Theil der Kreisfläche zwischen denselben eine Kreiszone.

46.

Die Winkel, welche Streiflinien mit einem (nöthigenfalls verlängerten) Durchmesser oder einer Sehne bilden, können mit ihrem Scheitel entweder im Umfange oder außerhalb des Kreises liegen. Bilden 2 Streiflinien einen Winkel mit einander, so liegt dieser stets außerhalb des Kreises.

47.

Eine Figur, deren Seiten lauter ganze Sehnen sind, heißt im Kreise, der Kreis um sie beschrieben. Sind die Seiten lauter Tangenten, so ist die Figur um den Kreis, der Kreis ihr aber eingeschrieben.

48.

Zwei Kreise, welche gleichen Mittelpunct haben, heißen concentrische Kreise, und der zwischen beiden liegende Raum ein Ring.

Zwei Kreise können sich ferner von Außen oder von Innen berühren. Im letztern Falle sagt man von dem kleinern Kreise, er berühre den andern, von dem größern, er werde berührt.

Endlich können sich 2 Kreise auch durchschneiden. Die Fläche, welche sie gemein haben, heißt dann ein Linsenschnitt; jedes der nicht gemeinsamen Stücke heißt dagegen ein Halbmond oder eine lunula.

Zu jedem dieser letztern §. §. sind von den Schülern Zeichnungen zu entwerfen, an die wichtigsten Puncte Buchstaben zu setzen, und die erklärten Stücke damit zu benennen.

Wiederholung des Wichtigsten ans diesem Abschnitte an einer von dem Lehrer zu dictirenden Figur.

Zweiter Theil.

Ebene räumliche Größenlehre.

Vorübungen.

Anwendung der Verknüpfungen der allgemeinen Größenlehre auf räumliche Gegenstände.

1.

Die Größe einer begrenzten Linie oder Strecke besteht allein in ihrer Länge.

Im Uebungshefte sind einige gerade Striche als Zeichen von begrenzten Linien sauber zu zeichnen, und anzugeben, welche größer, welche kleiner sei, und warum dieses nicht aus der Breite oder Dicke der Striche beurtheilt werden dürfe.

2.

Ein Strich, welcher so groß ist, als zwei oder mehr andre zusammengenommen, heißt die Summe oder das Gesammt derselben; die einzelnen Striche aber heißen die Stücke (Posten oder Glieder) dieser Summe. Die Summe finden, heißt Addiren oder Zusammenziehen.

Die Ordnung oder Folge, in welcher man die Stücke zusammensetzt, hat auf die Summe keinen Einfluß.

Im Uebungshefte sind einige gerade Striche zu zeichnen und zusammenzusetzen oder zu addiren, und anzugeben, welches die Stücke sind, und welches die Summe der Striche ist; ferner die Striche noch in andrer Folge zusammenzusetzen, und diese Summe mit der ersten zu vergleichen.

3.

Aus der Summe zweier Striche und dem einen Stücke kann man das zweite Stück finden. Das Verfahren hierbei heißt Subtrahiren oder Abziehen. Die gegebene Summe heißt beim Subtrahiren der Minuendus (Vorrath), das gegebene Stück der Subtrahendus (Abzug), und das gefundene Stück der Rest oder Unterschied.

Im Hefte soll zuerst angegeben werden, wie man Striche bezeichnen und benennen könne. Dann sollen zwei ungleiche Striche gezeichnet und benannt, und der kleinere vom größern abgezogen werden. Hierbei ist zu bemerken, welcher Strich den Vorrath, welcher den Abzug und welcher den Rest darstelle, und wie groß Abzug und Rest zusammengenommen sein müssen.

Ferner ist anzugeben und an einigen Beispielen zu erläutern, mit welchen Zeichen man das Zusammenziehen und Abziehen schriftlich andeutet, und wie man diese Zeichen lies't. Auch ist anzugeben, bei welchen Zeichen die Stellung der gegebenen Größen vor oder hinter demselben gleichgültig sei oder nicht.

Endlich ist in kurzen anzugeben, was geschieht, wenn ein oder mehr Stücke, die Summe, der Vorrath, der Abzug oder der Rest größer oder kleiner werden. Diese Sätze sind zuletzt in einige kurze, aber allgemeine Sätze zusammen zu fassen.

4.

Wenn ein Strich dadurch entstanden ist, daß man einen andern mehrmal wiederholt oder zusammengesetzt hat, so ist der erste ein Vielfaches oder Product (Geöft) des letztern, welcher der Multiplicandus (Öftstoff) genannt wird. Die Zahl, welche anzeigt, wievielmal man den Multiplicandus im Product setzen solle, heißt der Multiplicator (die Öftzahl). Multiplicator und Multiplicandus heißen mit einem gemeinsamen Namen auch die Factoren (Veröfter). Aus den Factoren das Product finden heißt Multipliciren (Veröften).

Ein Product kann nur Einen Multiplicandus, aber mehre Multiplicatoren haben, deren Ordnung oder Folge gleichgültig ist.

Im Uebungshefte sind zuerst 10 Striche zu zeichnen, — wie Fig. 5., — von denen der 2te das 2fache, der dritte das 3fache, der 4te das 4fache ꝛc., der 10te das 10fache des ersten ist. Bei einigen derselben ist wörtlich anzugeben, wie sie aus dem ersten durch Multiplication entstanden sind, und welches dabei der Multiplicandus, der Multiplicator und das Product sei.

Wie kann der 6te Strich mittelst des dritten aus dem ersten entstanden sein, und welches sind die Factoren?

Wie kann ein Strich, welcher aus 12 solchen Stücken, wie der erste, besteht, mittelst des 6ten und 3ten aus dem ersten entstanden sein, und welches sind die Factoren?

Wie bezeichnet man die Multiplication, und wie lies't man dieses Zeichen?

5.

Aus dem Producte zweier Factoren und dem einen Factor den andern Factor finden, heißt **Dividiren**. Das Product heißt beim Dividiren der **Dividendus** (Theilstoff), der gegebene Factor der **Divisor** (Theiler), und der gesuchte der **Quotient** (Theilfund). Ist der gegebene Factor (Divisor) der Multiplicator (Theilzahl), so heißt Dividiren so viel als **Theilen**, und kann bei Strichen durch gehöriges Setzen von Puncten verrichtet werden.

Im Hefte sind mehre gleichlange Striche zu zeichnen, auf verschiedene Art in gleiche Theile zu theilen und jedesmal zu bestimmen, welches der Dividendus, welches der Divisor und welches der Quotient sei.

Ferner ist anzugeben, wie man jedes Stück eines solchen eingetheilten Strichs, z. B. vom Anfange bis zum dritten Puncte, bezeichnen könne. — Bruch, Zähler, Nenner.

6.

Beim Dividiren als Theilen kann nur Ein Dividendus, es können aber mehre Theilzahlen vorhanden sein. Man dividirt dann den Dividendus mit der einen, den erhaltenen Quotienten mit einer andern, den zweiten Quotienten mit einer dritten ꝛc. Die Ordnung, in welcher man die Theilzahlen zum Dividiren anwendet, ist dabei gleichgültig. Statt der einzelnen Divisionen mit den Theilzahlen kann man auch mit ihrem Producte auf einmal dividiren.

Wenn ein Strich z. B. in 10 gleiche Theile getheilt werden soll, so kann man ihn zuerst in 2, und dann jeden Theil wieder in 5 gleiche Theile theilen. Die Theilzahlen sind dann 2 und 5. Man könnte auch den ganzen Strich zuerst in 5, und dann jeden Theil wieder in 2 gleiche Theile theilen. Die Theilzahlen sind dieselben, und auch der Theilfund oder Quotient ist offenbar derselbe.

Im Hefte ist dasselbe an einigen andern beliebig zu wählenden Beispielen durchzugehen und anzugeben, wie die Theilzahlen beschaffen sein müssen, um in mehre zerlegt werden zu können.

Hiernach läßt sich ein beliebiges Stück eines Strichs, wie im obigen Beispiele das Stück vom Anfang bis zum 4ten Puncte ist, oft auf mehrfache Weise benennen. Jenes Stück ist z. B. 4 Zehntel oder 2 Fünftel. Dasselbe soll nun auch im Hefte an den an den selbstgewählten Beispielen nach Anleitung dessen, was im Unterrichte vorgekommen ist, geschehen.

7.

Wenn die Größe des einen Stücks in Theilen des ganzen Strichs bestimmt ist, so läßt sich daraus die Größe des andern Stücks finden. — Auch kann man die Größe beider Stücke in Theilen des ganzen Strichs finden, wenn man weiß, was das eine Stück für ein Theil des andern ist.

Aufgabe 1. Vom Anfange des Strichs Fig. 6. bis an den Punct sind 2 Fünftel des ganzen Strichs; wie groß ist das andere Stück vom Puncte bis ans Ende des Strichs?

Auflösung. Um Fünftel zu erhalten, muß ich den ganzen Strich in 5 gleiche Theile theilen. Solcher Theile enthält nun das erste Stück nach der Aufgabe 2, und es werden also für das andere Stück noch 3 solcher Theile übrig bleiben, dieses also 3 Fünftel des ganzen Strichs betragen.

Im Hefte sind einige ähnliche selbst zu wählende Aufgaben niederzuschreiben, der Strich, der Aufgabe gemäß, nach dem Augenmaaße oder mit dem Zirkel zu theilen, und dann die Auflösung nach Anleitung der vorstehenden beizufügen.

Aufg. 2. Das erste Stück dieses Strichs, vom Anfange bis an den Punct, ist 3 Fünftel des andern Stückes; was ist jedes Stück für ein Theil des ganzen Strichs?

Aufl. Um den fünften Theil des zweiten Stücks zu erhalten, muß ich dasselbe in 5 gleiche Theile theilen. Solcher Theile enthält das erste Stück 3, der ganze Strich also $5+3=8$. Jeder Theil ist also ein Achtel, und das erste Stück beträgt drei Achtel, das andere fünf Achtel.

Im Hefte sind auch einige Aufgaben dieser Art aufzustellen, zu zeichnen und aufzulösen.

8.

Wenn der gegebne Factor oder der Divisor (§. 5.) nicht eine Zahl, sondern auch ein Strich, also der Multiplicandus ist (§. 4.), so heißt Dividiren so viel als Messen, oder untersuchen, wie vielmal der eine Strich im andern enthalten ist. Der Quotient oder Theilfund ist dann eine reine Zahl. Der Divisor heißt in diesem Falle das Maaß oder Theilmaaß.

Wenn — Fig. 7. — der Strich AB durch CD dividirt werden soll, welches ist dann der Dividendus, welches der Divisor und welches der Quotient? Wie werden diese Striche aus der Multiplication her genannt werden müssen, und wie groß ist der Multiplicator?

Dasselbe ist an einigen andern selbst zu wählenden Beispielen durchzugehen.

9.

Unter dem Augenmaaße versteht man die Geschicklichkeit, aus dem bloßen Anblicke zu beurtheilen, wievielmal eine Größe, oder ein Theil derselben in der andern enthalten ist, — oder wie sich zwei oder mehr ausgedehnte Größen zu einander verhalten.

Wie verhält sich die Länge des Rechtecks — Fig. 8. — zu seiner Breite, und wie findet man dieses? — Wie verhält sich die Länge des Schultisches, der Schultafel zu ihrer Breite? — Wie die Breite der Thür, des Fensters, der Fensterscheiben zu ihrer Höhe?

10.

Zum wirklichen Messen einer Länge mit einer andern, muß man die letztere auf einen beweglichen Gegenstand auftragen, und nun durch Gegeneinanderhalten heraus bringen, wievielmal die letztere in der erstern enthalten ist.

Es soll die Länge dieses Blattes mit der Breite desselben gemessen werden.

11.

Eine Länge, mit der man zwei oder mehr andre Längen genau messen kann, ohne daß etwas übrig bleibt, heißt ein gemeinschaftliches Maaß derselben.

Die größte Länge, mit der dieses möglich ist, heißt das größte gemeinschaftliche Maaß jener Längen.

Welches ist das größte gemeinschaftliche Maaß der beiden Striche AB und CD (Fig. 9.)?

Die Art, wie man das größte gemeinschaftliche Maaß zweier Striche findet, soll im Hefte durch einige selbstgewählte Beispiele erläutert werden.

12.

Um sich über die Größe einer Länge durch Worte verständlich ausdrücken zn können, ohne einen wirklichen Strich zur Vergleichung vorzeigen zu dürfen, hat man gewisse genau bestimmte Längen angenommen, mit denen man im Umfange großer Länder die zu bestimmenden Längen dividirt oder mißt und alsdann durch den Quotienten ausdrückt, wievielmal sie darin enthalten sind. In Deutschland ist das Rheinländische oder Preußische Fußmaaß das am weitesten verbreitete.

Der Strich Fig. 10. ist ein Viertel eines Rheinländischen Fußes. Er soll im Hefte genau nachgezeichnet, und in drei gleiche Theile getheilt werden, welche man Zolle nennt. Der linke Theil soll wieder in $12 = 2.2.3$ Theile eingetheilt werden, welche die Benennung Linien erhalten. Diese Eintheilung kann mit dem Zirkel durch Probiren geschehen. Mit dem so eingetheilten Maaßstabe soll nun die Umgrenzung dieses Blatts und der Kupfertafel gemessen, und ihre Länge und Breite angegeben werden.

13.

Wenn man anzeigen will, daß ein Strich getheilt oder gemessen werden soll, so setzt man zwischen dem Dividendus (Theilganzen) und dem Divisor (Theiler) entweder ein Colon, oder man setzt zwischen beide einen wagrechten Strich; z. B. $ab:3$, oder $\frac{ab}{3}$ heißt ab soll durch 3 getheilt werden; $ab:cd$ oder $\frac{ab}{cd}$ heißt ab soll durch cd gemessen werden. — Im ersten Fall kommt der Dividendus vor dem Divisionszeichen, im letztern über demselben zu stehen.

14.

Aufgabe. Es soll in kurzen Sätzen angegeben werden:

1. was dem Producte widerfährt, wenn einer von den Factoren mehrmal größer oder kleiner geworden, der andere aber derselbe geblieben ist.
2. was dem einen Factor widerfahren seyn muß, wenn das Product mehrmal größer oder kleiner geworden, der andere Factor aber derselbe geblieben ist.
3. was dem einen Factor widerfahren sein muß, wenn das Product dasselbe geblieben, der andere Factor aber mehrmal größer oder kleiner geworden ist.

In N. 4, 5, 6 sind die nämlichen Sätze in umgekehrter Ordnung aufzustellen, aber so, daß die Benennungen aus der Division genommen sind.

Der Inhalt dieser Sätze ist dann noch in einige allgemeinere zusammenzufassen.

Sämmtliche Sätze können mit beliebig zu wählenden Beispielen begleitet werden.

15.

Wenn man das **Verhältniß** zweier Striche betrachtet, so sieht man darauf, wie der eine aus dem andern durch Multiplication oder Division entstanden sein kann.

Die beiden Striche, deren Verhältniß man betrachtet, heißen **die Glieder** des Verhältnisses, das erste **das Vorderglied**, das andre **das Hinterglied**.

Die Zahl, welche anzeigt, wievielmal man das Vorderglied nehmen müsse, um das Hinterglied zu erhalten, heißt der **Zeiger** oder der **Verhältnißfactor** des **Verhältnisses**.

Im Hefte ist anzugeben, welche von den drei Größen, die in einem Verhältnisse vorkommen, der Multiplicandus, der Multiplicator und das Product sei; wie man sie aus der Division benennen könne und ob diese Division eine Theilung oder Messung sei.

Ferner sind aus den 10 Strichen — Fig. 5. — einige Paare herauszuheben, und der Zeiger zu bestimmen, z. B. der 5te und 8te, der 6te und 9te u. s. w.

Wie bezeichnet man ein Verhältniß, wie lies't man es, und wie unterscheidet sich die Bedeutung des (:) in der Division, von der bei einem Verhältniß?

16.

1. **Die Gleichheit zweier Verhältnisse besteht in der Gleichheit der Zeiger.**

Im Hefte sind 2 Striche zu zeichnen, und dann 2 größere oder kleinere, welche aber dasselbe Verhältniß haben, für welches der Zeiger anzugeben ist.

2. Ein Verhältniß wird nicht geändert, wenn man beide Glieder desselben mit einer und derselben Zahl multiplicirt, oder dividirt.

Im Hefte ist anzugeben, auf welchen Sätzen aus §. 14. dieser Satz beruhe. — Ferner ist derselbe an einigen Strichen, welche man beliebig vervielfachen oder theilen kann, zu erläutern.

3. Zwei Striche heißen **gleichmaaßig**, wenn sie beide durch dasselbe Maaß gemessen, oder in gleich große Theile getheilt sind.

Wie sind die Striche, welche als Uebung zu §. 4. gezeichnet sind, in dieser Hinsicht beschaffen? — Die Grenzen eines Feldes sind nach Ruthen bestimmt, wie müssen diese Längen hiernach betrachtet werden?

4. Zwei Striche heißen **gleichzahlig**, wenn sie beide in gleich viel gleiche Theile getheilt sind,

Im Hefte sind mehre Striche zu zeichnen und so einzutheilen, daß einige derselben gleichzahlig, andre gleichmaaßig sind, und anzugeben, bei welchen dieses stattfindet. Von den Strichen Fig. 11. sind a und b, auch c und d gleichzahlig, erstere weil sie beide in 5, letztere weil sie beide in drei gleiche Theile getheilt sind, dagegen sind a und c, desgleichen b und d gleichmaaßig, weil die Theile auf a eben so groß sind als die Theile auf c, und eben so die Theile auf b so groß als die Theile auf d.

17.

1. Wenn man ausdrückt, daß 2 Verhältnisse gleich sind, so heißt ein solcher Ausdruck eine **Verhältnißgleichung** oder Proportion.

2. Das 1ste und 3te Glied einer Verhältnißgleichung heißen die **Vorderglieder**, das zweite und 4te die **Hinterglieder**; beide heißen mit einem gemeinschaftlichen Namen die **correspondirenden** Glieder.

3. Das 1ste und 4te Glied heißen die **äußern**, das 2te und 3te die **innern** oder **mittlern**; beide Paare werden mit einem gemeinschaftlichen Namen die **symmetrischen** Glieder genannt.

4. Eine Verhältnißgleichung, in welcher die beiden mittlern Glieder gleich sind, heißt eine **stetige**, jede andre eine unterbrochene.

Jeder zeichne 3mal 4 proportionirte Striche, und gebe die entstehenden Verhältnißgleichungen an. Auch stelle jeder 3 Verhältnißgleichungen in Zahlen auf. In jeder derselben sollen nun die Vorderglieder, die Hinterglieder, die äußern und mittlern, die correspondirenden und symmetrischen Glieder herausgehoben, und als solche benannt werden.

18.

1. Wenn in 2 Verhältnissen die Glieder jedes Verhältnisses unter sich gleichmaaßig, die correspondirenden Glieder dagegen gleichzahlig sind, so ist die Verhältnißgleichung richtig.

2. Sind die Glieder jedes Verhältnisses unter sich gleichzahlig, die correspondirenden Glieder dagegen gleichmaaßig, so ist die Verhältnißgleichung gleichfalls richtig.

Beide Sätze sind für einige aufzustellende Fälle so zu beweisen, daß daraus die Richtigkeit der Sätze auf allgemeine Weise erhellet.

19.

In einer Verhältnißgleichung kann man die mittlern Glieder vertauschen, und sie bleibt doch richtig. — Ueberhaupt kann man aus denselben 4 Gliedern auf 8fache Art eine in sich richtige Verhältnißgleichung bilden.

Die 8 Anordnungen der Proportion $a : b = c : d$ (F. 11.) sollen aufgestellt und die Richtigkeit jeder Proportion aus §. 18. bewiesen werden.

20.

Wenn in 2 oder mehr gleichen Verhältnissen die correspondirenden Glieder gleichmaaßig, die Glieder eines jeden Verhältnisses dagegen gleichzahlig sind, so stehen die Summen der correspondirenden Glieder in demselben Verhältniß.

Bew. aus Fig. 11. nach Anleitung des Lehrers.

Ebene räumliche Größenlehre.

1.

Ein Punc. hat gar keine Größe, sondern bloß eine Stelle.

2.

Eine Linie hat weder Breite noch Dicke, ihre Länge ist aber ohne Ende.

3.

Ein Strahl hat, so wie die Linie, weder Breite noch Dicke; seiner Länge nach ist er zwar auf der einen Seite begrenzt, auf der andern aber ohne Ende.

4.

Ein Winkel kann wachsen und abnehmen, er hat daher immer eine gewisse Größe.

Erster Abschnitt.

Größenlehre der Winkel.

5.

Die Größe eines Winkels besteht in der Abweichung der Schenkel ihrer Richtung nach. — Zwei Winkel sind gleich, wenn sich der erzeugende Strahl in beiden gleich viel geschwenkt hat.

Das Entstehen und allmähliche Wachsen eines Winkels zu beschreiben, und die Beschreibung mit einer Zeichnung zu begleiten.

6.

Aufg. Es ist eine Zahl von Winkeln gegeben, von denen einige gleich, andere ungleich sind. Man soll alle möglichen Fälle des Gleichseins und des Ungleichseins aufsuchen und zusammenstellen.

Wenn 4, oder 5 oder 6 Winkel gegeben sind, wieviele können gleich, wieviele ungleich sein? (Vgl. Verbindungslehre §. 2.).

Gegenseitige Bestimmungen zwischen Winkelgröße und Lage der Linien.

Erste Abtheilung.

Winkel an Einem Puncte.

7.

1. Stetige Winkel um einen Punct werden nach einander erzeugt durch die ganze Umschwenkung eines Strahls. (Verbindungslehre §. 19 u. 20.)

2. Die stetigen Winkel um einen Punct zusammengenommen sind daher so groß als die stetigen Winkel um einen andern Punct zusammengenommen. — Fig. 1. und 2. —

3. Liegen 4 gleiche Winkel stetig um einen Punct, so wird jeder ein rechter Winkel, oder kurz ein Rechter genannt.

4. Alle rechte Winkel sind gleich groß.

5. Die stetigen Winkel um einen Punct sind zusammengenommen so groß als 4 Rechte.

6. Da also Winkel, welche nach einander durch die ganze Umschwenkung eines Strahls erzeugt werden, so groß als 4 Rechte sind, so müssen Winkel, welche nach einander durch die halbe Umschwenkung eines Strahls erzeugt sind, so groß als 2 Rechte sein.

7. Ein Winkel, welcher kleiner ist als ein Rechter, heißt ein spitzer; ein Winkel, welcher größer ist als ein Rechter, heißt ein stumpfer. Spitze und stumpfe Winkel werden im Gegensatze gegen den Rechten auch schiefe Winkel genannt.

Worauf gründet sich der 2te Satz? Wie folgt der 4te und 5te Satz aus dem 2ten?

Mehre rechte, spitze und stumpfe Winkel (nach dem Augenmaaße) zu zeichnen. 3, 4, 5, 6 gleiche stetige Winkel um Einen Punct zuzeichnen, und anzugeben, ob die ungetheilten, und in den beiden letzten Fällen auch die getheilten rechte, spitze oder stumpfe sind.

8.

1. Stetige Winkel an einer gn. L. werden nach einander erzeugt durch die halbe Umschwenkung eines Strahls.

2. Die stetigen Winkel an einer gn L. sind zusammengenommen so groß als 2 Rechte.

3. Nebenwinkel sind zusammengenommen so groß als 2 Rechte. (Verbindungslehre §. 21.). — Fig. 1. —

4. Nebenwinkel, welche gleich sind, sind Rechte. Fig. 12.

5. Der Nebenwinkel eines Rechten ist auch ein Rechter.

6. Wenn eine g. L. mit einer andern rechte Winkel bildet, so sagt man, sie stehe senkrecht, lothrecht oder perpendiculär auf derselben.

7. Nebenwinkel, welche ungleich sind, sind schiefe.

8. Stetige Winkel eines Winkels werden nach einander erzeugt durch eine Schwenkung, die weniger als die halbe Umschwenkung beträgt.

9. Die stetigen Winkel eines Winkels sind zusammengenommen so groß als der Winkel, zwischen dessen Schenkeln sie liegen.

10. Stetige Winkel um einen Winkel werden nach einander erzeugt durch eine Schwenkung, welche mehr als die halbe Umschwenkung beträgt.

11. Die stetigen Winkel um einen Winkel ergänzen den Winkel, um welchen sie liegen, zu 4 Rechten; sie sind zusammengenommen größer als 2 Rechte und kleiner als 4 Rechte.

Worauf beruht der erste Satz? — Wie folgt der 2te aus §. 7, 6? — Zu jedem dieser Sätze ist eine Figur zu zeichnen, und der Satz mit Beziehung auf diese Figur auszudrücken.

9.

1. Stetige Winkel, welche zusammengenommen so groß als 4 Rechte sind, sind stetige Winkel um einen Punct.

2. Stetige Winkel, welche zusammengenommen kleiner als 4 Rechte, aber größer als 2 Rechte sind, sind stetige Winkel um einen Winkel.

3. Stetige Winkel, welche zusammengenommen so groß als 2 Rechte sind, sind stetige Winkel an einer gn L.

4. Zwei stetige Winkel, welche zusammengenommen so groß als 2 Rechte sind, sind Nebenwinkel.

5. Zwei Winkel an einem Puncte, welche an Einer gn L. auf derselben Seite liegen, und zusammengenommen so groß als 2 Rechte sind, liegen stetig an einander, und sind daher Nebenwinkel.

6. Stetige Winkel, welche zusammengenommen kleiner sind als zwei Rechte, sind stetige Winkel eines Winkels.

Welches ist in jedem dieser Sätze die Voraussetzung, welches die Folgerung, und von welchem Satze des vorhergehenden §. ist er die Umkehrung?

Was müßte derjenige behaupten, der diese Sätze leugnen wollte, (durch Zeichnungen zu erläutern) und wie würden wir ihn widerlegen können?

10.

1. Scheitelwinkel werden zugleich erzeugt, wenn sich eine g. L. um einen Punct schwenkt.

2. Scheitelwinkel sind einander gleich.

3. Wenn 2 Winkel mit gemeinschaftlichem Scheitelpunct an den entgegengesetzten Strahlen einer gn. L. auf verschiedenen Seiten liegen und einander gleich sind, so sind es Scheitelwinkel.

Einige Paare Scheitelwinkel zu zeichnen (Wbbgsl. §. 21.) und anzugeben, wie sie zugleich entstanden sein können und warum sie gleich sind. (Fig. 1.)

11.

Aufgaben. Einen Winkel zu zeichnen, welcher so groß ist, als 2 oder mehr gegebene Winkel — oder 2 Winkel zu addiren — desgleichen 2 Winkel von einander zu subtrahiren — einen Winkel mit einer Zahl zn multipliciren — einen Winkel mit einer Zahl zu dividiren, oder zu theilen — und einen Winkel mit einem andern Winkel zu dividiren oder zu messen.

Das gebräuchliche Maaß der Winkel ist der Rechte. Man theilt ihn in 90 gleiche Theile, welche Grade, jeden Grad wieder in 60 gleiche Theile, welche Minuten, jede

Minute in 60 gleiche Theile, welche Sekunden heißen. 8° 12′ 30″ heißt 8 Grad, 12 Minuten, 30 Secunden.

Jede der obigen Aufgaben ist durch besondere Zeichnungen zu erläutern. Das Abtragen und Theilen der Winkel muß so genau als möglich nach dem Augenmaaße verrichtet werden. Auch kann sich der Schüler dazu, wie zum Messen, einen Winkel aus Papier ausschneiden.

Zeichnen und Theilen eines Halbkreises (Transporteurs) nach Anleitung des Lehrers.

12.

Aufg. 1. Aus der Größe eines spitzen Winkels, welcher in Theilen eines Rechten oder in Graden gegeben ist, die Größe seines Ergänzungswinkels zu finden.

Ein Winkel ist $\frac{3}{5}$, $\frac{4}{7}$, $\frac{5}{9}$, $\frac{4}{11}$ eines Rechten, enthält 23, 38, 43, 57 Grad, wie groß ist sein Ergänzungswinkel? — Von den Auflösungen — denen noch die einiger selbstgewählten Aufgaben beigefügt werden können — sind einige, nach §. 7. der Vorübungen, ausführlich zu machen.

Aufg. 2. Aus der Größe eines Winkels die seines Nebenwinkels zu finden.

Ein Winkel ist $\frac{4}{5}$, $\frac{7}{6}$, $\frac{8}{11}$, $\frac{9}{7}$ eines Rechten, enthält 63, 74, 112, 132 Grad — wie groß ist sein Nebenwinkel? Auch hier sind einige selbst zu wählende Beispiele und einige ausführliche Auflösungen zu machen.

Aufg. 3. Aus dem Verhältnisse zweier Ergänzungswinkel oder zweier Nebenwinkel diese selbst in Theilen des Rechten zu finden.

Ein Winkel ist $\frac{1}{3}$, $\frac{2}{3}$, $\frac{3}{5}$, $\frac{7}{5}$ seines Ergänzungswinkels, oder $\frac{1}{3}$, $\frac{3}{5}$, $\frac{5}{7}$, $\frac{9}{5}$, — $\frac{2}{3}$, $\frac{4}{5}$, $\frac{7}{4}$ seines Nebenwinkels, wie groß ist jeder?

Aufg. 4. Wieviele und was für Winkel können 3 gerade Striche, welche sich in Einem Puncte vereinigen, bilden? — Wie groß ist in jedem einzelnen Falle ihre Summe, und wie groß sind die Winkel, wenn sie entweder alle, oder doch einige einander gleich sind?

Zweite Abtheilung.

Winkel an 2 Puncten.

13.

1. Gleichliegende Winkel an gleichlaufenden Linien sind einander gleich.

2. Entgegengesetzte Winkel an gleichlaufenden Linien sind zusammengenommen so groß als 2 Rechte.

3. Wechselwinkel an gleichlaufenden Linien sind einander gleich.

4. Aeußere und innere Wechselswinkel an gleichlaufenden Linien sind zusammengenommen so groß als 2 Rechte.

Wenn die Linien CD und EF (Fig. 3.) gleich gerichtet sind, wie werden sich dann ihre Abweichungen in der Richtung von der AB verhalten müssen? — Wie folgt hieraus der erste Satz, und wie lassen sich aus diesem die folgenden Sätze herleiten?

Wie lassen sich die Winkel (Fig. 3.) als abliegende bezeichnen, und wie lassen sich dann die Beweise aus §. 8, 3 und §. 10, 2 ausdrücken?

Welche Sätze lassen sich aufstellen, wenn die durchschnittenen Linien ungleichlaufend sind?

14.

Wenn 2 g. Ln von einer dritten durchschnitten werden, so läßt sich aus dem Verhältnisse der Winkel auf die gegenseitige Lage der Linien schließen.

1. Wenn die gleichliegenden Winkel gleich groß sind, so sind die durchschnittenen Linien gleichlaufend.

2. Sind die entgegengesetzten Winkel zusammengenommen so groß als 2 Rechte, so sind die durchschnittenen Linien gleichlaufend.

3. Sind die Wechselswinkel gleich, so sind die durchschnittenen Linien gleichlaufend.

4. Sind die äußern und innern Wechselswinkel zusammengenommen so groß als 2 Rechte, so sind die durchschnittenen Linien gleichlaufend.

5. Wenn 2 g. Ln durch einen Punct mit 2 gn Ln durch einen andern Punct gleichlaufend sind, so sind je 2 Winkel an beiden Puncten, welche gleiche Lage haben, einander gleich.

Wie folgt der erste Satz aus §. 5., und wie lassen sich aus diesem die übrigen Sätze herleiten?

Wenn die Winkel (in 1. und 3.) ungleich, oder ungleich 2 Rechten (in 2. und 4.) sind, was folgt dann in Ansehung der Lage der durchschnittenen Linien, und nach welcher Seite sind sie zusammenlaufend, nach welcher auseinanderlaufend?

Dritte Abtheilung.

Winkel an 3 Puncten.

15.

Drei ungleichlaufende g. Ln, welche sich in 3 Puncten durchschneiden, bilden ein Dreieck.

1. Je 2 innere Winkel in einem Dreieck sind zusammengenommen kleiner als 2 Rechte. (Verbindungslehre §. 41. Größenlehre §. 13.).

2. Ein äußerer Winkel am Dreieck ist größer als sein innerer entgegengesetzter, oder als sein innerer Wechselswinkel.

Zeichnung und Benennung. — Herleitung aus §. 13. und 14.

16.

1. Die 3 innern Winkel im Dreieck sind zusammengenommen so groß als 2 Rechte.

2. In einem Dreieck ist der Unterschied eines Winkels von 2 Rechten so groß als die beiden andern Winkel zusammengenommen.

3. Der Unterschied der Summe zweier Winkel eines Dreiecks von 2 Rechten, ist dem dritten gleich.

4. Sind die 3 innern Winkel eines Dreiecks gleich, so ist jeder $\frac{2}{3}$ e. R. oder 60°.

5. Sind in einem Dreiecke 2 Winkel gleich, so sind durch Einen Winkel die übrigen bestimmt.

6. In einem Dreieck kann nur Ein Winkel ein Rechter, oder ein stumpfer Winkel, es können aber alle 3 spitze Winkel sein.

7. Ein Dreieck, in welchem ein Winkel ein Rechter ist, heißt ein rechtwinkliges. Ist ein Winkel stumpf, so heißt es ein stumpfwinkliges. Sind alle 3 Winkel spitz, so ist es ein spitzwinkliges.

8. Ist in einem Dreiecke der eine Winkel ein Rechter, so sind die beiden andern zusammengenommen auch so groß als ein Rechter.

9. Von einer Puncte außerhalb einer gn L. kann nur Ein Loth auf dieselbe gefällt werden.

Wie läßt sich der erste Satz durch Schwenkung eines Strahls erweisen? wie folgen aus diesem die übrigen? Im Hefte sind überall die Figuren zu zeichnen, und die Sätze und Erklärungen mit Benennung der darin vorkommenden Winkel, Linien und Figuren zu wiederholen. Dieß wird unter Zeichnung und Benennung verstanden.

Zum 2ten, 3ten, 5ten und 8ten Satz sind einige selbst zu wählende Beispiele mit bestimmten Winkeln aufzustellen und aufzulösen.

17.

1. Die äußern Winkel am Dreieck sind zusammengenommen so groß als 4 Rechte.

2. Ein innerer Winkel im Dreieck ist um 2 Rechte kleiner als die äußern an den beiden übrigen Winkelpuncten zusammengenommen.

3. Zwei innere Winkel im Dreieck sind zusammengenommen so groß als der äußere am dritten Puncte — oder —

4. Ein äußerer Winkel im Dreieck ist so groß als seine beiden innern Gegenwinkel zusammengenommen (Bbdl. §. 41.).

Zeichnung and Benennung. — Herleitung der Sätze aus der Schwenkung.

Vierte Abtheilung.

Winkel an 4 Puncten.

18.

Aufg. Es sollen die möglichen Fälle der gleichen oder ungleichen Richtung und des Durchschneidens für 4 g. Ln aufgestellt, und unter diesen diejenigen herausgesucht werden, welche ein Viereck geben.

Erklärung. Ein Viereck, in welchem nur 2 Seiten gleichlaufend sind, heißt ein halbspathiges oder Paralleltrapez; sind alle Seiten ungleichlaufend, ein Trapezoïd (Vbdl. §. 34.).

19.

1. Die 4 äußern Winkel am Viereck sind zusammengenommen so groß als 4 Rechte.

2. Die 4 innern Winkel im Viereck sind zusammengenommen auch so groß als 4 Rechte.

3. Ein innerer Winkel im Viereck ist um 2 Rechte kleiner als die äußern an den übrigen Puncten zusammengenommen.

4. 2 innere Winkel in einem Viereck sind so groß als die äußern an den beiden übrigen Puncten zusammengenommen.

5. 3 innere Winkel im Viereck sind zusammengenommen um 2 Rechte größer als der äußere am 4ten Puncte.

Zeichnung und Benennung — Herleitung des ersten Satzes aus der Schwenkung und der übrigen Sätze aus dem ersten.

20.

1. In einem halbspathigen Viereck (Paralleltrapez §. 18.) sind jede 2 innere oder jede 2 äußere an Einer ungleichlaufenden Seite liegenden Winkel zusammengenommen so groß als 2 Rechte.

2. In einem halbspathigen Viereck sind jede 2 innere oder jede 2 äußere an einer gleichlaufenden Seite liegenden Winkel zusammengenommen ungleich 2 Rechten.

3. In einem halbspathigen Viereck können nur 2 rechte Winkel sein.

4. In einem spathigen Viereck (Parallelogramm) sind jede 2 an einer Seite liegende innere, oder jede 2 dergleichen äußere Winkel zusammengenommen so groß als 2 Rechte.

5. In einem spathigen Viereck sind die gegenüberstehenden Winkel einander gleich.

6. Ist in einem spathigen Viereck ein Winkel ein Rechter, so sind auch alle übrigen Winkel Rechte. Ein Viereck mit lauter rechten Winkeln heißt ein Rechteck.

7. Durch Einen Winkel im spathigen Viereck sind die übrigen bestimmt.

8. Eine Diagonale, Gehre, Strebe (Vbl. §. 39.) theilt ein spathiges Viereck in 2 Dreiecke mit völlig gleichen Winkeln.

Zeichnung, Benennung. — Angabe der frühern Sätze, aus welchen die hier aufgestellten folgen.

Fünfte Abtheilung.

Winkel an Vielecken.

21.

1. Die sämmtlichen äußern Winkel an einer geradlinigen Figur sind zusammengenommen so groß als 4 Rechte.

2. Ein innerer Winkel in einer geradlinigen Figur ist um 2 Rechte kleiner als die äußern an den sämmtlichen übrigen Puncten zusammengenommen.

3. Zwei innere Winkel sind zusammengenommen so groß als die sämmtlichen äußern an den übrigen Winkelpuncten.

4. Drei innere Winkel sind zusammengenommen um 2 Rechte größer, als die äußern an den übrigen Winkelpuncten.

5. Vier innere Winkel sind zusammengenommen um 4 Rechte größer, als die äußern an den übrigen Winkelpuncten.

6. Um wieviel Rechte eine beliebige Zahl von innern Winkeln größer ist, als die äußern an den übrigen Win-

kelpuncten, findet man, wenn man die Zahl der innern Winkel um 2 verringert, und dann doppelt nimmt.

7. Wieviel Rechte die sämmtlichen innern Winkel einer beliebigen geradlinigen Figur betragen, findet man, wenn man von der Zahl derselben 2 abzieht, und den Rest verdoppelt.

Wie lassen sich aus dem 6ten Satze die Sätze §. 17. und 19. herleiten? Wie groß sind die sämmtlichen innern Winkel im Sechseck, Achteck, Zwölfeck? — Um wieviel Rechte sind 5, 7, 10 innere Winkel einer mehrseitigen Figur größer als die äußern an den übrigen Winkelpuncten?

22.

1. In einer gleichwinkligen Figur findet man die Größe eines äußern Winkels, wenn man 4 Rechte oder 360° durch die Zahl der Winkelpuncte dividirt.

2. Die Größe eines innern Winkels findet man, wenn man den äußern von 2 Rechten oder von 180 Grad abzieht.

Entwerfung einer Tafel für Figuren von 3 bis 10 Seiten nach folgendem Schema:

Zahl der Seiten.	Größe des äußern Winkels.	Größe jedes innern Winkels.	Summe aller innern Winkel.

23.

1. Wenn sich ein Strahl um einen oder um mehre Puncte so weit schwenkt, bis er wieder in seiner vorigen Lage ist, so ist das Erzeugniß dieser Schwenkung (die Winkel) immer gleich groß.

2. Wenn sich ein Strahl nach derselben Seite hin eben so weit schwenkt, als ein andrer, so bleibt der Unterschied ihrer anfänglichen Richtung ungeändert.

Zweiter Abschnitt.

Größenlehre der Seiten.

24.

1. Die gerade Strecke ist der kürzeste Weg zwischen 2 Puncten oder ihre Entfernung.

2. In einer jeden geradlinigen Figur ist jede einzelne Seite nothwendig kleiner, als die übrigen zusammengenommen.

Zeichnung, Benennung.

Dritter Abschnitt.

Größenlehre der Winkel und Seiten in ihrer gegenseitigen Abhängigkeit.

25.

Durch gewisse Seiten und gewisse Winkel einer Figur, sind oft andre Seiten und andre Winkel in derselben oder in einer andern damit verwandten Figur bestimmt, und dieß führt uns auf die gegenseitige Bestimmung zwischen Winkeln und Seiten.

Erste Abtheilung.

Gegenseitige Bestimmung zwischen Seiten und Winkeln in einer und derselben Figur.

26.

Eine gegenseitige Bestimmung zwischen Seiten (begrenzten Linien) und Winkeln kann weder beim Durchschnitt zweier geraden Linien, noch auch beim Durchschnitt zweier Gleichlaufenden von einer dritten statt finden, sondern nur bei Figuren.

A. Gegenseitige Bestimmungen zwischen Seiten und Winkeln eines Dreiecks.

a. Vollkommene Bestimmungen. (Congruenz).

27.

Aufgabe. Zu finden wieviel Stücke (Seiten und Winkel) eines Dreiecks willkürlich angenommen werden, und welche dieses sein können.

28.

Zwei Seiten und der zwischenliegende Winkel bestimmen ein Dreieck vollkommen, — oder — wenn 2 Seiten und der zwischenliegende Winkel in einem Dreieck eben so groß sind, als dieselben Stücke in einem andern Dreiecke, so sind beide vollkommen gleich oder deckend*).

Zeichnung und Benennung. — Wenn von den gegebenen Stücken das eine als veränderlich betrachtet wird, welchen Einfluß hat seine Vergrößerung und Verkleinerung auf die übrigen Stücke? z. B. wenn der Zwischenwinkel größer wird, was widerfährt der dritten Seite, und den beiden andern Winkeln?

29.

Eine Seite und die beiden anliegenden Winkel bestimmen ein Dreieck vollkommen. — Sind eine Seite und die beiden anliegenden Winkel in einem Dreiecke so groß, als dieselben Stücke in einem andern Dreieck, so sind beide Dreiecke deckend.

Zeichnung und Benennung. — Wie läßt sich der Satz aus §. 16, 3. erweitern? — Wenn die gegebene Seite größer oder kleiner wird, während die Winkel bleiben, was widerfährt den beiden andern Seiten?

---

*) Die Ausdrücke 2 Dreiecke sind vollkommen bestimmt, oder sie sind congruent oder deckend, sind völlig gleichbedeutend. Denn wenn eine Construction vollkommen bestimmt ist, so muß die dadurch hervorgebrachte Figur stets dieselbe sein, wo ich sie auch anstellen mag. Construire ich beide Figuren also mehrmal an demselben Orte — so daß alle gegebene Stücke auf einander liegen — so werden sie gänzlich zusammenfallen müssen und ununterscheidbar, identisch sein.

30.

Die Länge aller einzelnen Seiten bestimmt ein Dreieck vollkommen. — Sind die 3 Seiten eines Dreiecks einzeln genommen eben so groß als die eines andern, so sind beide deckend.

Zeichnung und Benennung. — Die eine Seite kann wachsen, (wie weit? §. 24, 2.) während die andern dieselben bleiben, was wiederfährt den Winkeln?

31.

Zwei Seiten und der Winkel, welcher der größern gegenüberliegt, bestimmen ein Dreieck vollkommen. — Sind diese Stücke in 2 Dreiecken gleich, so sind die Dreiecke deckend.

Zeichnung und Benennung. — Wie verhält sichs, wenn die Seite, welche dem gegebenen Winkel gegenüber liegt, kleiner ist als die andre? — wieviel Dreiecke sind dann aus den gegebenen Stücken möglich?

Sollte wohl durch jede 3 Stücke ein Dreieck bestimmt sein? — Auf wieviel Arten kann man aus den 3 Seiten und drei Winkeln eines Dreiecks 3 verschiedene Stücke nehmen, welche können es sein, und in welchen Fällen ist ihre gegenseitige Lage zu berücksichtigen?

b. Vergleichende Bestimmungen.

32.

1. Ein Dreieck, in welchem alle 3 Seiten gleich sind, heißt ein gleichseitiges.

2. Ein Dreieck, in welchem alle 3 Seiten ungleich sind, heißt ein ungleichseitiges.

3. Sind 2 Seiten eines Dreiecks gleich, so heißt es ein gleichschenkliges.

4. Im gleichschenkligen Dreieck versteht man, wenn nicht ausdrücklich anders bestimmt wird, unter der Spitze den Durchschnittspunct der beiden Schenkel, und unter der Grundseite die dritte ungleiche Seite.

Zeichnung, Benennung. — Wie können sich die Winkel eines Dreiecks verhalten? — Sollte die Gleichheit der Seiten wohl durch die Gleichheit der Winkel bedingt sein?

33.

Nimmt man eine Seite **bc** eines Dreiecks **abc** F. 13., an welcher 2 spitze Winkel liegen, wagrecht, und so vor sich, daß das Dreieck oberhalb derselben liegt, und zieht dann aus ihren Endpuncten aufwärts Senkrechte, so heißen die Winkel, welche sie mit den Seiten des Dreiecks bilden, **Abweichungswinkel**. Sind die beiden spitzen Winkel des Dreiecks an der Wagrechten gleich, so werden auch die Abweichungsmittel gleich sein, und die schrägen Seiten des Dreiecks werden sich gleichmäßig von den Senkrechten entfernen, sich also in der Mitte zwischen beiden begegnen, und ihr Vereinignngspunct wird von den beiden Endpuncten der Wagrechten gleich weit entfernt liegen müssen. Auch umgekehrt, wenn dieser Vereinigungspunct von den beiden Endpuncten der Wagrechten gleich weit entfernt liegt, werden die Abweichungswinkel, also auch die Winkel des Dreiecks an der Wagrechten, gleich sein müssen. Hieraus folgt:

1. Wenn in einem Dreieck 2 Winkel gleich sind, so sind auch die Seiten gleich, welche diesen Winkeln gegenüberstehen, und das Dreieck ist gleichschenklig.

2. Wenn in einem Dreieck 2 Seiten gleich sind, so sind auch die Winkel gleich, welche diesen Seiten gegenüberliegen — oder — im gleichschenkligen Dreieck sind die Winkel an der Grundseite einander gleich.

3. In einem Dreieck stehen also überhaupt gleiche Seiten und gleiche Winkel einander gegenüber.

Wie läßt sich der zweite Satz aus §. 28. herleiten, wenn man durch ad den Winkel bei a halbirt? — Kann der erste Satz falsch sein, wenn der zweite wahr ist?

16.

1. Die Spitze des gleichschenkligen Dreiecks liegt senkrecht über der Mitte der Grundseite.

2. Die g. L. aus der Spitze des gleichschenkligen Dreiecks nach der Mitte der Grundseite ist senkrecht auf derselben, und halbirt den Winkel an der Spitze, so wie das ganze Dreieck.

3. Wenn man den Winkel an der Spitze eines gleichschenklichen Dreiecks halbirt, so muß die Linie, durch welche

dieses geschieht, auf der Grundseite senkrecht sein, und nach ihrer Mitte gehen.

4. Wenn man aus der Spitze des gleichschenkligen Dreiecks eine Linie auf die Grundseite senkrecht zieht, so halbirt sie die Grundseite, den Winkel an der Spitze und das ganze Dreieck.

Herleitung des ersten Satzes aus §. 33. — Die Beweise der übrigen müssen enthalten: a) Anwendung auf die Figur, wobei der Satz mit Bezeichnung der Seiten und Winkel durch Buchstaben zu wiederholen ist. Hierin ist nun zu unterscheiden b) die Voraussetzung und c) die Folgerung, d. h. das was bewiesen werden soll. Beide sind durch die Buchstaben, welche an der Figur stehen, zu bezeichnen. d) Der Beweis besteht nun darin, daß man einen Uebergang von der Voraussetzung zur Folgerung mittelst schon bewiesener Sätze sucht. — Hierzu dienen für die obigen Sätze 2 bis 4 §. 30, §. 28, §. 29. mit Zuziehung von §. 9, 4.

5. Der Abweichungswinkel eines gleichschenkligen Dreiecks ist halb so groß als der Winkel an der Spitze n. 4 und §. 13, 3.

6. Der äußere Winkel an der Spitze eines gleichschenkligen Dreiecks ist doppelt so groß, als der Winkel an der Grundseite. — §. 17, 3.

7. Wenn der äußere Winkel eines Dreiecks doppelt so groß ist, als einer seiner innern Gegenwinkel, so ist das Dreieck ein gleichschenkliges.

35.

Aufgaben über das gleichschenklige Dreieck: Aus dem Abweichungswinkel den Winkel an der Spitze und den an der Grundseite — aus dem Winkel an der Spitze die beiden übrigen zu finden — desgleichen aus dem Winkel an der Grundseite.

Der Abweichungswinkel sei $\frac{1}{4}$, $\frac{2}{5}$, $\frac{3}{7}$, $\frac{3}{8}$, $\frac{8}{11}$ e. R., 30°, 42°, 29°, 37°, 74°, wie groß sind die beiden andern Winkel?

Der Winkel an der Spitze sei $\frac{4}{5}$, $\frac{5}{7}$, $\frac{3}{2}$, $\frac{9}{7}$, e. R., 72°, 88°, 90°, 105°, 130° 20′ wie groß sind die beiden andern Winkel?

Der Winkel an der Grundseite ist $\frac{1}{3}$, $\frac{3}{5}$, $\frac{6}{8}$, $\frac{7}{11}$, $\frac{11}{12}$ e. R. 50°, 69°, 75° 30′ wie groß sind die beiden andern Winkel?

Wenn einer dieser Winkel wächst oder abnimmt, was wiederfährt den beiden übrigen, und in welchem Verhältnisse steht ihre Zunahme oder Abnahme?

36.

Das Loth aus der Spitze eines Dreiecks auf die Grundlinie herabgelassen, heißt die Höhe eines Dreiecks. In Fig. 13. ist **a d** die Höhe des Dreiecks **a b c**.

1. Im gleichschenklig rechtwinkligen Dreieiecke (**b r c** Fig. 13.) ist die Höhe der halben Grundseite gleich.

Zeichnung, Benennung. — Beweis: §. 34, 5. 33, 1. 34 4.

2. Wenn der Winkel an der Grundseite oder an der Spitze des gleichschenkligen Dreiecks $\frac{2}{3}$ e. R. oder 60° ist, so ist jeder von den gleichen Schenkeln so groß als die Grundseite, und das Dreieck (**b a c** F. 13.) ein gleichseitiges.

Zeichnung, Benennung. — Doppelter Beweis 34, 5. 33, 3. 32, 1.

3. Wenn der Winkel an der Grundseite eines gleichschenkligen Dreiecks $\frac{1}{3}$ e. R. ist, so ist die Höhe des Dreiecks halb so groß als einer der beiden gleichen Schenkel.

Zeichnung, Benennug. — Der Beweis beruht auf einer Construction, welche jeder zu suchen hat, und auf 34, 4.

Sind diese 3 Sätze auch wahr, wenn man sie umkehrt, d. h. wenn man die Voraussetzung zur Folgerung und die Folgerung zur Voraussetzung macht? und wie lauten sie dann?

Bei den Aufgaben §. 35, ist jedesmal zu bestimmen:

1. ob die Höhe der halben Grundseite gleich, oder größer oder kleiner,
2. ob die Schenkel der Grundseite gleich, größer oder kleiner,
3. ob die Höhe dem halben Schenkel gleich, oder größer oder kleiner sei.

37.

1. Dem größern Winkel im Dreieck liegt die größere Seite, dem kleinern die kleinere Seite gegenüber.

Zeichnung, Benennung. — Man gehe vom gleichschenkligen Dreiecke aus, und lasse den Einen Winkel an der Grundseite wachsen. Wird der Vereinigungspunct der beiden Schenkel noch in der Mitte zwischen beiden Senkrechten liegen können? §. 33, — 24, 2.

2. Der größern Seite eines Deiecks liegt der größere, der kleinern der kleinere Winkel gegenüber.

Zeichnung, Benennung. — 37, 1. 33, 1.

Anm. In jedem Dreieck kann man eine beliebige Seite als Grundseite ansehen. Der ihr gegenüberstehende Winkel heißt dann der Winkel an der Spitze.

38.

In einem rechtwinkligen Dreieck heißen die beiden Seiten, welche den rechten Winkel einschließen, die Katheten, die, welche ihm gegenüberliegt, die Hypotenuse.

1. Im rechtwinkligen Dreieck ist die Hypotenuse größer als jede der Katheten.

2. Im stumpfwinkligen Dreieck ist die dem stumpfen Winkel gegenüberliegende Seite größer als jede der anliegenden.

Zeichnung, Benennung. — §. 16, 1. 6. 37, 1.

39.

1. Die Senkrechte von einem Puncte auf eine g. L. ist der kürzeste Weg, d. h. die Entfernung des Puncts von der Linie.

2. Die Höhe eines Dreiecks ist die Entfernung der Spitze von der Grundlinie.

Zeichnung, Benennung. — §. 38, 1. §. 37, Anm. §. 36.

40.

1. Ein rechtwinkliges Dreieck, worin einer von den spitzen Winkeln 45° beträgt, ist gleichschenklig. — §. 16, 8. 33, 1.

2. Ist in einem rechtwinkligen Dreieck der eine spitze Winkel gleich $\frac{2}{3}$ e. R., der andre also $\frac{1}{3}$ e. R., so ist die kleine Kathete halb so groß als die Hypotenuse. — §. 36, 2. 3.

3. Sind in einem rechtwinkligen Dreiecke beide Katheten gleich, so ist jeder von den spitzen Winkeln $\frac{1}{2}$ R.

4. Ist in einem rechtwinkligen Dreiecke die eine der Katheten halb so groß, als die Hypotenuse, so ist der eine von den spitzen Winkeln $\frac{1}{3}$ e. R., der andre $\frac{2}{3}$ e. R.

B. Gegenseitige Bestimmungen zwischen Seiten und Winkeln eines Vierecks.

41.

1. Im Rechtecke sind die gegenüberstehenden Seiten gleich lang. §. 20, 6. Ziehe in F. 8. die Diagonale und führe den Beweis nach §. 13, 3 und §. 29.

2. Gleichlaufende Ln. sind überall gleich weit von einander entfernt. §. 39, 1.

3. In jedem spathigen Viereck sind die gegenüberstehenden Seiten gleich lang.

4. Gleichlaufende g. Ln, so weit sie zwischen gleichlaufenden liegen, sind gleich lang. (Parallelen zwischen Parallelen sind gleich).

Zeichnung, Benennung. — Wie lassen sich diese Sätze auf frühere zurückführen, wenn man in den spathigen Vierecken eine Diagonale zieht? §. 20, 8. §. 29.

5. Ein Quadrat ist ein gleichseitig-rechtwinkliges (spathiges) Viereck. F. 14.

6. Eine Raute ist ein gleichseitig-schiefwinkliges (spathiges) Viereck. F. 15.

42.

1. Zwei Seiten, und der von ihnen eingeschlossene Winkel bestimmen ein spathiges Viereck vollkommen. §. 28. F. 16.

2. Ein Quadrat ist durch Eine Seite vollkommen bestimmt.

3. Ein Rechteck ist durch 2 zusammenstoßende Seiten vollkommen bestimmt.

4. Eine Raute ist durch Eine Seite und durch Einen Winkel vollkommen bestimmt.

Wie folgt der erste Satz aus §. 28., und wie folgen die übrigen Sätze aus dem ersten? —

43.

1. Wenn in einem Viereck die gegenüberstehenden Seiten gleich sind, so ist das Viereck ein spathiges. §. 30. F. 16.

2. Wenn in einem Vierecke 2 Seiten gleich lang und gleichlaufend sind, so ist das Viereck ein spathiges §. 28.

3. Wenn man zwischen 2 gn Ln 2 gleiche und gleichlaufende Strecken ziehen kann, so sind die Linien gleichlaufend.

4. Wenn man aus irgend 2 Puncten einer gn L. 2 gleiche Lothe auf eine andre g. L. fällen kann, so ist sie mit ihr gleichlaufend, und also überall gleich weit von ihr entfernt.

5. Zieht man in einem halbspathigen Vieleck (Paralleltrapez) eine Diagonale, so zerfällt dasselbe in 2 Dreiecke von gleicher Höhe, wenn man die parallelen Seiten als Grundseiten nimmt.

Zeichnung, Benennung. — Wie folgt der 3te und 4te Satz aus dem 2ten?

C. Gegenseitige Besimmungen zwischen Seiten und Winkeln in mehrseitigen, namentlich in regelmäßigen Figuren.

44.

1. Eine Figur, welche lauter gleiche Seiten und Winkel hat, heißt eine **regelmäßige Figur**. F. 17.

2. Der Punct, welcher von allen Winkelpuncten und von allen Seiten gleich weit entfernt liegt, heißt der **Mittelpunct**.

3. Die geraden Strecken vom Mittelpuncte bis an die Winkelpuncte heißen **größte Halbmesser**, und sind einander gleich.

4. Die Senkrechten aus dem Mittelpuncte auf die Seiten heißen **kleinste Halbmesser**, und sind auch einander gleich.

5. Der Winkel, welchen 2 größte Halbmesser bilden, die nach den Endpuncten einer Seite gehen, heißt der **Mittelpunctswinkel** (Centriwinkel), derjenige, welchen 2 zusammenstoßende Seiten bilden, der **Vieleckswinkel**, (Polygonwinkel) und sein Nebenwinkel der **äußere Vieleckswinkel** der regelmäßigen Figur.

Zeichnung einiger regelmäßigen Figuren aus dem Mittelpuncte, indem man soviel gleiche Winkel, als die Figur Seiten haben soll, stetig um denselben herumlegt, die Schenkel gleich macht, und je 2 benachbarte in ihren Endpuncten verbindet. §. 28. Benennung. — Zeichnung der kleinsten Halbmesser.

6. Ein regelmäßiges Vieleck ist durch die Anzahl seiner Seiten, und durch die Länge einer Seite, oder eines Halbmessers völlig bestimmt.

7. Je größer die Anzahl der Seiten in einer regelmäßigen Figur wird, desto kleiner muß jede Seite in Vergleichung mit dem größten Halbmesser werden, und desto weniger wird sich der größte Halbmesser von dem kleinsten unterscheiden.

8. Stellt man sich ein Vieleck von unendlich vielen Seiten vor, so wird der größte und kleinste Halbmesser in demselben nicht mehr zu unterscheiden, alle Halbmesser werden gleich, und die Seiten werden in Vergleichung mit dem Halbmesser unendlich klein sein.

Zeichnung eines regelmäßigen 6ecks, 12ecks, 24ecks. — Welcher Figur nähern sich die regelmäßigen Vielecke um so mehr, je größer die Zahl ihrer Seiten wird?

Zweite Abtheilung.

Gegenseitige Bestimmung zwischen Seiten und Winkeln in mehren Figuren, oder von der Aehnlichkeit der Figuren.

45.

Unter dem Worte **Aehnlichkeit**, in Beziehung auf räumliche Gegenstände, versteht man die Gleichheit der Gestalt, ohne Rücksicht auf die Größe. Eine richtige Abbildung ist dem abgebildeten Gegenstande ähnlich, und jeder Theil der Abbildung bezieht sich auf irgend einen Theil des Gegenstandes, als sein Vorbild. — Sind 2 Figuren einander ähnlich, so kann man die eine als das Vorbild, die andre als die Abbildung betrachten. Jede Seite, jeder Winkel der einen bezieht sich auf irgend eine Seite oder Winkel in der andern, und solche Seiten und Winkel, die einander abbilden oder bedeuten, nennt man **gleichnamige**, weil man sie gewöhnlich mit denselben Buchstaben aus verschiedenen Alphabeten bezeichnet. Das Zeichen der Aehnlichkeit ist folgendes: $\sim$. Man setzt es zwischen den als ähnlich bezeichneten Figuren, z. B. Fig. 18. ABC $\sim$ abc.

Zur Aehnlichkeit zweier Figuren gehört nicht nur, daß sie gleich viel Seiten haben, sondern es müssen auch die gleichnamigen Winkel gleich groß sein, die gleichnamigen Seiten aber gleiches Verhältniß haben, d. h. die eine Seite der ersten Figur verhält sich zur gleichnamigen in der andern, wie eine 2te Seite der ersten Figur zur gleichnamigen in der andern.

Wenn (F. 18.) ABC $\sim$ abc, welche Winkel sind gleich? welche Verhältnisse der Seiten müssen gleich sein? welche Verhältnißgleichungen (Proportionen) lassen sich daher aufstellen? (Vorüb. 17, 1.) Wenn man nun alle Seiten der einen Figur (ABC) mit demselben Maaße mißt, wie werden die Seiten der andern Figur (abc) getheilt werden können, damit die Richtigkeit der Verhältnißgleichung aus Vorüb. 18, 2 erhelle?

Ein Rechteck zu zeichnen, welches einem andern Rechtecke ähnlich ist.

46.

Aufg. 1. Eine Reihe ähnlicher Figuren in stetiger Folge durch eine fortschreitende Construction in Gedanken darzustellen.

Aufg. 2. Eine gegebene g. Strecke, in eine vorgeschriebene Anzahl gleicher Theile zu theilen: und — sie in demselben Verhältnisse zu theilen, als eine andere getheilt ist.

Aufg. 3. Zu 3 gegebenen begrenzten Linien die 4te Verhältnißlinie zu finden.

Auflösungen nach Anleitung des Lehrers.

47.

1. Wenn man von einem Dreieck durch e. g. L., welche mit einer Seite gleichlaufend ist, ein kleineres Dreieck abschneidet, so ist dieses dem Ganzen ähnlich.

2. Die g. L. durch das Dreieck, welche mit der einen Seite gleichlaufend ist, theilt die beiden andern Seiten in Stücke, welche sowohl unter sich, als auch mit den ganzen Seiten verhältnißgleich sind.

3. Wenn e. g. L. die Seiten eines Dreiecks in verhältnißgleiche Stücke schneidet, so ist sie mit der dritten Seite gleichlaufend.

Aus welcher Construction erhellt der erste Satz Fig. 18. — Wie wird man eine Seite, z. B. AB, theilen müssen, damit die Stücke AD, DB gleichmaaßig werden? — Wenn man dann von den Theilungspuncten Gleichlaufende mit BC zieht, wie wird dadurch AC getheilt werden? Wie erhellt hieraus die Richtigkeit des 2ten Satzes unabhängig vom ersten? (Vorübungen §. 18.) Ist derselbe auch in seiner Umkehrung wahr?

48.

1. Zwei Dreiecke, welche gleiche Winkel haben, sind ähnlich.

Es sei abc gleichwinklig mit ABC. Fig. 18. Man nehme AD = ab und ziehe DE gleichlaufend BC u. s. w, §. 13, 1. 29.

2. Wenn 2 Dreiecke einen gleichen Winkel haben, und die ihn einschließenden Seiten verhältnißgleich (proportionirt) sind, so sind die Dreiecke ähnlich.

Es sei A = a, und AB : ab, = AC : ac. Man nehme AD = ab, AE = ac, ziehe DE u. s. w. §. 47, 3. §. 28.

3. Dreiecke, in welchen alle Seiten verhältnißgleich (proportionirt) sind, sind ähnlich.

Es sei AB : ab = AC : ac = Bc : bc. Man nehme AD = ab, AE = ac, und ziehe DE. §. 47, 3. 1. 45, 30.

4. Wenn 2 Seiten eines Dreiecks zu zweien Seiten eines andern gleiches Verhältniß haben, und der den größern gegenüberstehende Winkel in beiden Dreiecken gleich ist, so sind die Dreiecke ähnlich.

Es sei AB : ab = AC : ac, B = b, auch AC > AB. Man nehme AD = ab, AE = ac, und ziehe DE. §. 47, 3. 13, 1. 31.

49.

1. Alle gleichseitigen Dreiecke sind ähnlich, §. 33, 3. §. 45.

2. Alle gleichschenklig rechtwinkligen Dreiecke sind einander ähnlich. §. 48. 2.

3. Gleichschenklige Dreiecke sind überhaupt einander ähnlich, wenn sie einen gleichen Winkel an der Spitze oder auch an der Grundseite haben. §. 48, 1. 2. §. 16, 5.

4. Dreiecke, von denen man weiß, daß 2 Winkel des einen zweien Winkeln des andern gleich sind, sind ähnlich. §. 48, 1.

Zeichnung eines verjüngten Maaßstabes nach Anleitung des Lehrers. Gebrauch desselben zur Entwerfung einer Charte oder eines Grundrisses.

50.

1. Wenn man in 2 ähnlichen Dreiecken eine gleichnamige Seite als Grundseite annimmt und die Höhe zieht (§. 36), so ist das Verhältniß beider Höhen eben so groß, als das Verhältniß gleichnamiger Seiten, also auch der Grundseiten.

Zeichnung, Benennung. — §. 49, 4. — Sollten die beiden Dreiecke, in welche die Höhe jedes Dreieck zerlegt, wohl unter sich ähnlich sein können? In welchem Falle?

2. Wenn in einem rechtwinkligen Dreiecke aus der Spitze des rechten Winkels ein Loth auf die Hypotenuse gefällt wird, so wird dasselbe dadurch in 2 Dreiecke getheilt, welche sowohl unter sich als dem Ganzen ähnlich sind. — Fig. 19.

Zeichnung, Ben. §. 49, 4. — Unter den vielen Verhältnißgleichungen, welche sich zwischen den gleichnamigen Seiten der 3 Paar ähnlichen Dreiecke aufstellen lassen, werden einige stetige sein. (Vorüb. 17, 4.) Welche Seiten gehören zweien Dreiecken zugleich an? Mit welchen sind sie gleichnamig? Welches sind daher die stetigen Proportionen? — Welche Sätze wird man hierüber aufstellen können?

3. Wenn man in einem rechtwinkligen Dreiecke ein Loth aus der Spitze des rechten Winkels auf die Hypotenuse fällt, so ist dieses die mittlere Proportionale zwischen den beiden Abschnitten derselben.

4. In einem rechtwinkligen Dreiecke ist jede der beiden Katheten die mittlere Proportionale zwischen dem ihr zunächst liegenden Abschnitte, und der ganzen Hypotenuse.

Aufstellungen der Verhältnißgleichungen aus F. 19. — Stetige Verhältnißgleichungen welche sich angeben lassen, wenn man aus D F. 19. noch ein Perpendikel auf AB zieht.

51.

1. Spathige Vierecke sind einander ähnlich, wenn Ein

Winkel in denselben gleiche Größe, und die ihn einschließenden Seiten gleiches Verhältniß haben.

Zeichn., Ben. §. 45; §. 20, 7; §. 41, 3.

2. Aehnliche Figuren werden durch gleichnamige Diagonalen in ähnliche Dreiecke zerlegt. Fig. 20.

Was ist durch die Voraussetzung, daß die Figuren ABCDE und abcde ähnlich sind, für die Dreiecke ABC und abc bestimmt? §. 45.; §. 48, 2. — Was für Bestimmungen hat man nun aus der vorausgesetzten Aehnlichkeit der ganzen Figuren, und der erwiesenen Aehnlichkeit der Dreiecke ABC und abc für die beiden Dreiecke ACD und acd? Wie folgt daraus deren Aehnlichkeit?

3. In ähnlichen Figuren verhalten sich zwei gleichnamige Diagonalen wie zwei gleichnamige Seiten.

4. Wenn eine Figur aus stetigen Dreiecken mit gemeinsamer Seite, und eine andere aus diesen ähnlichen Dreiecken auf gleiche Weise zusammengesetzt ist, so sind beide einander ähnlich. F. 20.

Welche Verhältnisse gleichnamiger Seiten sind unmittelbar aus der Voraussetzung dem Verhältnisse ac:AC gleich? — Welche dem Verhältnisse ad:AD? — Woraus folgt die Gleichheit der gleichnamigen Winkel?

5. Die Peripherien ähnlicher Figuren verhalten sich wie zwei gleichnamige Seiten.

Benennung. Beweis auf Vorübungen §. 20. zu gründen.

52.

1. Regelmäßige Figuren, welche gleich viel Seiten haben, sind einander ähnlich. — §. 44 u. 45.

2. In regelmäßigen Figuren von gleich viel Seiten verhalten sich die größten, und eben so die kleinsten Halbmesser wie die Seiten.

Zeichnung, Benennung. §. 44, 3. 4. — Zum Behufe des Beweises sind aus dem Mittelpuncte der regelm. Fig. die größten und kleinsten Halbmesser zu ziehen. §. 48, 1. §. 50. 1.

3. Die Peripherien regelmäßiger Figuren von gleich viel Seiten verhalten sich wie ihre Seiten, folglich auch wie ihre größten oder kleinsten Halbmesser. Vorüb. §. 16. 2.

4. Stellt man sich mehre regelmäßige Vielecke von un-

endlich vielen Seiten vor, so werden diese alle einander ähnlich sein, und ihre Peripherien werden sich wie ihre Halbmesser verhalten. — §. 44, 7.

Vierter Abschnitt.

Größenlehre der Flächen.

53.

1. Ein Rechteck ist seinem Flächeninhalte nach durch die Grundseite und Höhe vollkommen bestimmt, oder: Rechtecke von gleicher Grundseite uud Höhe sind einander an Flächenraum vollkommen gleich.

Wie kann man die Fläche eines Rechtecks, nicht blos seine Umgrenzung, vollständig construiren?

2. Rechtecke, welche gleiche Grundseiten haben, verhalten sich an Flächenraum wie ihre Höhen.

3. Rechtecke von gleichen Höhen verhalten sich wie ihre Grundseiten.

Mehre Rechtecke von gleicher Höhe zu zeichnen und zu addiren, oder eins vom andern zu subtrahiren. — Dasselbe mit Rechtecken von gleichen Grundseiten, aber von verschiedenen Höhen zu thun.

Ein Rechteck mit einer Zahl zu multipliciren. — Ueber jedem der 10 Striche Fig. 5. ein Rechteck zu zeichnen. Sämmtliche Rechtecke sollen gleiche Höhe haben. Bei einigen, z. B. dem 5ten und 7ten, ist das Verhältniß der Grundseiten und der Rechtecke mit Worten anzugeben.

Ein Rechteck mit einer Zahl zu dividiren, indem man die Grundseite dividirt, und von den Theilungspuncten Senkrechte durch das Rechteck zieht. — Auch kann die der Grundseite anliegende Seite des Rechtecks getheilt werden.

Wieviel Rechtecke überhaupt, und wieviel verschiedene Rechtecke lassen sich angeben, wenn ein Rechteck von der Grundseite aus durch Senkrechte in zehn gleiche Theile getheilt ist? Wieviel Verhältnisse lassen sich zwischen diesen bilden?

54.

1. **Rechtecke sind im zusammengesetzten Verhältnisse ihrer Grundseiten und Höhen.**

Wie kann man ein drittes Rechteck bilden, welches sich mit den beiden Rechtecken A und B (Fig. 21.) nach den Sätzen des vorigen Paragraphen vergleichen läßt?

2. **Wenn die Seiten eines Rechtecks sich durch die Seiten eines andern Rechtecks genau messen lassen, so ist es ein Vielfaches desselben.**

Das Rechteck zu finden, dessen Seiten die Seiten der beiden Rechtecke A und B F. 21. genau messen, und zu bestimmen, wievielmal es in jedem derselben enthalten sei.

3. **Rechtecke verhalten sich wie die Producte aus Grundseite und Höhe.**

Wie kann man die Verhältnisse der Grundseiten und Höhen zweier Rechtecke in Zahlen ausdrücken, und wie kann man mittelst dieser Zahlen das Verhältniß der beiden Rechtecke finden?

Was kann es wohl für einen Sinn haben wenn man sagt, das geometrische Product zweier Linien sei das Rechteck aus denselben?

4. **Quadrate verhalten sich wie ihre Seiten mit sich selbst multiplicirt, oder**

5. **Quadrate verhalten sich wie die Quadratzahlen ihrer Seiten.**

Die Seiten und Flächen der verschiedenen Quadrate und Rechtecke, welche sich aus Fig. 22. herausheben lassen, nach den vorstehenden Sätzen mit einander zu vergleichen.

55.

1. **Wenn 2 Rechtecke die Beschaffenheit haben, daß je eine Seite des einen mit je einer Seite des andern gleichmaaßig ist, und eben so je 2 Seiten gleichzahlig sind, so sind die Rechtecke gleich.**

Erläuterung und Beweis an Fig. 23. — Jeder zeichne selbst noch 2 andre Rechtecke, an welchen er den Satz erläutern kann.

2. **Wenn 4 Strecken eine Verhältnißgleichung bilden, so ist das Rechteck aus den innern Gliedern dem Rechteck aus den äußern gleich.**

Anm. Ein Rechteck aus 2 Strecken ist ein solches, dessen Grundseite die eine, und dessen Höhe die andre ist.

Aus den Strecken a und d Fig. 11. ist ein Rechteck zu bilden; ein anderes aus den Strecken b und c und nun zu zeigen, daß beide gleich sein müssen.

3. Wenn 2 Rechtecke gleich sind, und man macht die Seiten jedes Rechtecks zu symmetrischen Gliedern, so entsteht eine richtige Verhältnißgleichung.

Wie würde sich der Satz beweisen lassen, wenn man die Grundseiten beider Rechtecke gleichmaaßig machte, und eben so die Höhen?

4. In einer stetigen Verhältnißgleichung (Vorüb. 17.) ist das Quadrat des mittlern Gliedes dem Rechtecke aus den beiden äußern gleich.

Aehnliche Rechtecke verhalten sich wie die Quadrate gleichnamiger Seiten.

Man mache die Seiten jedes Rechtecks unter sich gleichmaaßig, die gleichnamigen Seiten gleichzahlig. §. 44, 45, Vorüb. §. 16.

6. Wenn 4 Strecken eine Verhältnißgleichung bilden, so bilden auch die über demselben errichteten Quadrate eine Verhältnißgleichung.

Zeichnung, Beweis, Vorüb. §. 18.

56.

Ein Flächenraum kann nur mit einem andern Flächenraume gemessen werden. Zum Maaße der Flächen bedient man sich derjenigen Quadrate, deren Seite irgend eins der bekannten Längenmaaße ist. Um eine Figur auszumessen, untersucht man, wieviel solcher Quadrate sich in dieselbe hineinlegen lassen, bis sie ganz damit ausgefüllt ist.

Den Flächeninhalt eines Rechtecks erhält man in Quadraten der Maaß-Einheit, wenn man seine Grundseite und Höhe mit dieser mißt, und beide Zahlen mit einander multiplicirt.

Beweis. — Beispiele: Ein Rechteck ist 20 Ruthen lang, 3 R. breit — ein andres 16 Fuß lang, $1\frac{1}{2}$ Fuß breit — wieviel Quadrat-Ruthen oder Fuß enthält es? — Ausmessung und Bestimmung des Quadratinhalts des Schulzimmers, der Tische, der Schultafel u. s. w.

57.

1. Wenn sich eine wagrechte Strecke in ihrer eigenen

Richtung fortbewegt, so ist ihr Weg wieder nur eine Strecke und keine Fläche. Bewegt sie sich dagegen senkrecht aufwärts oder abwärts, so bringt sie ein Rechteck hervor. — Wenn sich aber die Strecke, indem sie immer wagerecht bleibt, nach irgend einer andern Richtung einfach fortbewegt, so erzeugt sie nur so viel Fläche, als wenn sie sich zu demselben senkrechten Abstande gerade aufwärts oder abwärts bewegt hätte.

Zeichnung — Benennung — Erläuterung. — Gesetzt die Strecke bewege sich rechts aufwärts. — Wie weit sie sich dabei rechts fortschiebt, ist völlig gleichgültig, weil dadurch gar keine Fläche erzeugt wird. Die Größe dieser Fläche hängt daher, nächst der Länge der Strecke allein von ihrer senkrechten Fortbewegung ab.

2. Eine Strecke bewegt sich einfach fort, wenn sie sich selbst parallel bleibt, und ihr Endpunct in gr. L. geht.

3. Zwischen zweien Parallelen (Fig. 24.) sind durch einen Punct a mehr g. Ln gezogen. Wenn nun diese Linienverbindung zwischen den Parallelen fortgeschoben wird, wie verhalten sich die von einer jeden erzeugten Flächenräume?

58.

1. Wenn eine ebene Figur ihrer ganzen Begrenzung nach, d. h. in Ansehung aller ihrer Seiten und Winkel, vollkommen bestimmt ist, so ist sie es auch ihrem Flächenraume nach; oder

2. Wenn 2 ebene Figuren ihrer Begrenzung nach gleich oder deckend sind, so sind sie es auch ihrem Flächenraume nach.

Welchen Zusatz könnte man daher den Sätzen §. 28—31, §. 42 und §. 46, 6. noch beifügen, und wie würden sie dann lauten?

59.

1. Spathige Vierecke von gleicher Grundseite und Höhe sind an Flächenraum einander gleich.

Was können spathige Vierecke über derselben Grundseite errichtet, und bis zu derselben Gleichlaufenden reichend, für eine Lage haben, und wie läßt sich in jedem Falle der Beweis ihrer Gleichheit führen? §. 41. 3. §. 14, 5. §. 28.

2. Ein spathiges Viereck ist eben so groß, als ein Rechteck von gleicher Grundseite und Höhe.

In einem spathigen Vierecke beträgt die

Grundseite	Höhe
4° (Ruthen)	7°
17′ (Fuß)	9′
3′ 5″ (Zoll)	1′ 8″

wieviel Quadrate der Maaß-Einheit beträgt es in jedem dieser Fälle?

60.

1. Jedes spathige Viereck wird durch die Diagonale in 2 deckende Dreiecke getheilt. — §. 41, 3. §. 30.

2. Jedes der beiden Dreiecke, in welche das spathige Viereck durch die Diagonale getheilt wird, ist die Hälfte desselben.

3. Ein Dreieck ist halb so groß als ein spathiges Viereck (folglich auch als ein Rechteck) von gleicher Grundseite und Höhe.

Wie kann man jedesmal ein spathiges Viereck, welches mit einem Dreiecke gleiche Grundseite und Höhe hat, construiren? wie ein Rechteck. —

4. Dreiecke von gleicher Grundseite und Höhe sind an Flächenraum einander gleich. — §. 59, 1.

61.

1. Spathige Vierecke von gleichen Grundseiten verhalten sich wie ihre Höhen. — §. 59, 2. §. 53, 2.

2. Spathige Vierecke von gleichen Höhen verhalten sich wie ihre Grundseiten. — §. 53, 3.

3. Spathige Vierecke sind im zusammengesetzten Verhältnisse ihrer Grundseiten und Höhen, oder verhalten sich wie die Producte derselben. — §. 54, 1, 3.

4. Dreiecke von gleicher Grundseite verhalten sich wie ihre Höhen. §. 60, 3. Vorüb. §. 16, 2.

5. Dreiecke von gleicher Höhe verhalten sich wie ihre Grundseiten.

6. Dreiecke sind im zusammengesetzten Verhältnisse ihrer Grundseiten und Höhen, oder verhalten sich wie die Producte derselben, oder

7. Dreiecke verhalten sich wie die Rechtecke, welche mit ihnen gleiche Grundseite und Höhe haben.

8. Der Flächeninhalt eines spathigen Vierecks wird im Quadratmaaß gefunden, wenn man seine Grundseite und Höhe mit demselben Längenmaaße mißt, und beide Zahlen mit einander multiplicirt; oder ein spathiges Viereck ist gleich dem Producte aus Grundseite und Höhe. §. 59. 2. §. 56.

9. Der Flächeninhalt eines Dreiecks wird im Quadratmaaß gefunden, wenn man seine Grundseite und Höhe mit demselben Längenmaaße mißt, beide Zahlen mit einander multiplicirt, und von dem Producte die Hälfte nimmt — oder: ein Dreieck ist gleich dem halben Producte aus Grundseite und Höhe. — §. 60, 3.

10. Der Flächeninhalt eines halbspathigen Vierecks wird gefunden, wenn man die halbe Summe der parallelen Seiten mit ihrem Abstande multiplicirt. §. 43, 5. Fig. 27.

In Fig. 25. ist jede Seite des großen Rechtecks in 2 gleiche Theile getheilt, und die Geraden zwischen den Winkelpuncten und Theilungspuncten gezogen, wie es die Figur zeigt. — Es soll jeder die darin enthaltenen getheilten und ungetheilten Dreiecke und Vierecke aufsuchen, ihrer Art nach bestimmen (§. 16, 7. §. 20. §. 32.) und ihr Verhältniß mit Beziehung auf die vorstehenden Sätze angeben. — So ist das gleichschenklige Dreieck gkl $\frac{1}{4}$ des ganzen Rechtecks, doppelt so groß als das Dreieck gki u. s. w.

In Fig. 26, welche auf ähnliche Weise gezeichnet ist als die vorige, ist das Verhältniß der getheilten und ungetheilten Figuren eben so zu bestimmen.

Eines Dreiecks Grundseite beträgt 13″, seine Höhe 8″, wieviel Quadratzoll enthält es? — Mehr Beispiele und Anweisung zur Ausmessung vorhandener Dreiecke nach Anleitung des Lehrers.

62.

1. Aehnliche Dreiecke verhalten sich wie die Rechtecke, welche mit ihnen gleiche Grundseite und Höhe haben. — §. 61, 7.

2. Rechtecke, welche mit ähnlichen Dreiecken gleiche Grundseiten und Höhen haben, sind auch ähnlich, — §. 50, 1.

5. Aehnliche Dreiecke verhalten sich wie die Quadrate gleichnamiger Seiten. — §. 55. 5. 6.

4. Aehnliche Figuren verhalten sich wie die Quadrate gleichnamiger Seiten oder Diagonalen, oder auch wie die Quadrate ihrer Peripherien. — §. 51, 2. 3. Vorüb. §. 20.

Zeichnung — Benennung. — Beweis dieser Sätze mit Hülfe der angeführten §. §. — Wie verhält sich die Oberfläche eines Landes zur Oberfläche einer richtigen Charte, deren Maaßstab $\frac{1}{10000}$ von dem Maaßstabe des Landes ist? — Wie kann man mit Hülfe des Meilenmaaßstabes einer richtigen Charte die Größe des Landes finden, welches dieselbe vorstellt?

Fig. 27. kann eine Feldmark vorstellen. Um dieselbe ihrem Flächeninhalte nach zu berechnen, ist darin die Gerade AB gezogen, auf welche aus sämmtlichen Winkelpuncten Perpendikel gefällt sind, deren Größe und Abstand nach dem Maaßstabe der Charte beigeschrieben sind. Die Berechnung soll angestellt, und der Flächeninhalt sämmtlicher Theile, so wie der ganzen Feldmark angegeben werden.

63.

1. Eine regelmäßige Figur ist so groß als ein Dreieck, dessen Grundseite ihrem Umfange, und dessen Höhe ihrem kleinsten Halbmesser gleich ist. — §. 44, 4.

Zeichnung nach Fig. 28. — Für den Beweis kommt es darauf an, die regelmäßige Figur und das ihr gleiche Dreieck durch Hülfslinien so zu theilen, daß man die Theile des einen mit den Theilen des andern unmittelbar vergleichen kann. — §. 60, 4.

2. Ein regelmäßiges Vieleck von unendlich vielen Seiten ist einem Dreiecke gleich, dessen Grundseite seinem Umfange, und dessen Höhe seinem Halbmesser gleich ist. — §. 44. 7. 8. Fig. 29.

3. Regelmäßige Vielecke von unendlich vielen Seiten verhalten sich wie die Quadrate ihrer Durchmesser oder Halbmesser. — §. 52, 4.

64.

In jedem rechtwinkligen Dreiecke ist das Quadrat der Hypotenuse so groß, als die beiden Quadrate der Katheten zusammengenommen.

Anleitung zur Führung des Beweises: a b c Fig. 29, b sei das rechtwinklige Dreieck. Jede Kathete verlängere man um so viel als die andere beträgt, und vollende das Quadrat a c e f. Man nehme dg = eh = ac = bf, ziehe bh, hg, ge, ferner hi mit af, bm und gl mit ad parallel. Welches ist nun das Quadrat der Hypotenuse? welches sind die Quadrate der Katheten? Welchen Flächenraum hat das erstere mit den beiden letztern gemein? — Was muß zu dem gemeinsamen Flächenraum hinzukommen, wenn das Quadrat der Hypotenuse, was, wenn die beiden Quadrate der Katheten dargestellt werden sollen? Warum ist das erstere den letzteren gleich? — Hierbei ist nun zu erweisen: — 1) daß die Dreiecke abc, dcg, ehg u. s. w. congruent sind — §. 28. 2 daß die Figuren a b m i und d g l i Quadrate, — 3) daß auch b c g h ein Quadrat ist. Hierzu gehört, daß die Seiten gleich — (folgt aus 1) und die Winkel Rechte sind. — §. 16, 8. §. 8, 2.

Jeder zeichne noch ein rechtwinkliges Dreieck, errichte über jeder Seite desselben nach Außen ein Quadrat, bezeichne die sämmtlichen Winkelpuncte mit Buchstaben, und spreche den Satz mit Beziehung auf die Figur aus.

65.

Wenn man über den Seiten eines rechtwinkligen Dreiecks ähnliche Figuren zeichnet, so daß die Seiten des Dreiecks gleichnamige Seiten dieser Figuren werden, (§. 45.) so ist die Figur über der Hypotenuse so groß, als die beiden ähnlichen Figuren über den Katheten zusammengenommen. — §. 62, 4.

Aufgaben.

1. Ein Quadrat zu finden, welches so groß ist als 2 gegebene Quadrate zusammengenommen; — oder 2 Quadrate zu addiren.

2. Ein Quadrat zu finden, welches so groß ist als der Unterschied zweier gegebenen Quadrate; oder ein Quadrat von einem andern zu subtrahiren.

3. Ein Quadrat zu finden, welches 2, 3, 4, 5 nmal so groß ist als ein gegebenes Quadrat; oder ein Quadrat mit einer Zahl zu multipliciren.

4. Ein Quadrat zu finden, welches halb so groß ist, als ein gegebenes Quadrat.

Anm. Dieselben Aufgaben lassen sich auf dieselbe Weise lösen, wenn man statt Quadrate überhaupt ähnliche Figuren setzt.

Fünfter Abschnitt.

Vom Kreise.

66.

Wenn sich in einer Ebene ein Punct um einen andern so herum bewegt, daß er überall völlig gleich weit von demselben entfernt bleibt, so kann er an keiner Stelle seine Richtung behalten, sondern muß sie überall verändern, aber jedesmal nur so wenig, daß man es nicht angeben kann.

Denkt man sich ein regelmäßiges Vieleck von unendlich vielen Seiten, so wird jede Seite unendlich klein, alle Halbmesser werden gleich, (§. 44, 7. 8.) und die Figur wird die von dem Puncte beschriebene, nämlich ein Kreis sein. (Verbindungslehre §. 42.).

1. Kreise sind regelmäßige Vielecke von unendlich vielen Seiten.

2. Alle Kreise sind ähnliche Figuren, und ihre Peripherieen verhalten sich wie ihre Halbmesser. — §. 52, 4.

3. Der Flächeninhalt eines Kreises ist dem Flächeninhalte eines Dreiecks gleich, dessen Grundseite dem Umfange, und dessen Höhe dem Halbmesser des Kreises gleich ist. — §. 63, 2. Fig. 29. a.

4. Kreise verhalten sich zu einander wie die Quadrate ihrer Halbmesser oder ihrer Durchmesser. — §. 63, 3.

67.

1. Alle Halbmesser eines Kreises sind gleich. Vbdgl. §. 42.

2. Die Größe des Halbmessers bestimmt die Größe des Kreises.

3. Der Durchmesser eines Kreises ist doppelt so groß, als der Halbmesser. — Vbdgl. §. 43.

4. Alle Durchmesser eines Kreises sind gleich.

5. Jeder Durchmesser theilt den Kreis in 2 gleiche und deckende Theile oder Halbkreise. §. 58.

6. Jede Sehne, welche nicht durch den Mittelpunct des Kreises geht, ist kleiner als der Durchmesser, und wird um so keiner, je weiter sie sich vom Mittelpuncte entfernt. Vbdgl. §. 43.

Man ziehe 2 Halbmesser nach den Endpuncten der Sehne. Der erste Theil des Satzes läßt sich dann aus §. 24, 2. beweisen.

7. Jede Sehne, welche nicht durch den Mittelpunct geht, theilt den Kreis in 2 ungleiche Abschnitte.

8. Eine Streiflinie oder Tangente ist eine unendliche Linie, über deren Größe sich daher nichts bestimmen läßt. Vbdgl. §. 43.

Zu jedem dieser Sätze ist eine Figur anzufertigen, mit Buchstaben zu bezeichnen, und dann der Satz mit Beziehung auf die Figur auszusprechen.

68.

1. Die Winkel am Mittelpuncte eines Kreises (Vbdgl. §. 44.) verhalten sich eben so, wie die Kreisbogen, auf welchen sie stehen, oder wie die Kreisausschnitte, welche sie begrenzen.

2. Zu gleichen Winkeln am Mittelpuncte eines Kreises gehören gleiche Bogen, und umgekehrt zu gleichen Bogen gehören gleiche Winkel am Mittelpuncte.

3. Wenn um den Mittelpunct 4 gleiche Winkel liegen, deren jeder also ein Rechter ist, so wird der Kreisumfang durch die Schenkel derselben in 4 gleiche Bogen getheilt, welche man Quadranten nennt.

4. Ein Kreisausschnitt ist einem Dreiecke gleich, dessen Grundseite dem Bogen, und dessen Höhe dem Halbmesser gleich ist. — § 66, 3.

5. Zu gleichen Bogen eines Kreises gehören gleiche Sehnen, und umgekehrt zu gleichen Sehnen gehören gleiche Bogen.

6. Bogen verschiedener Kreise heißen ähnlich, wenn die Winkel am Mittelpuncte, welche zu den Bogen gehören, einander gleich sind.

Zeichnung, Benennung. — Erläuterungen und Beweise nach dem Vortrage des Lehrers.

69.

Aufg. Es soll beschrieben werden, wie man sich eines eingetheilten Kreises oder Halbkreises zum Messen der Winkel bedienen kann (§. 11 und 12.) und wie folgender Satz zu verstehen sei:

Ein Winkel am Mittelpuncte eines Kreises wird gemessen durch den Bogen, auf welchem er steht.

70.

1. Der Mittelpunct eines Kreises liegt stets senkrecht über der Mitte einer jeden Sehne desselben. §. 34, 1.

2. Ein Halbmesser, nach der Mitte einer Sehne gezogen, steht senkrecht auf derselben, und halbirt den zur Sehne gehörigen Bogen. — §. 34, 2.

3. Ein Halbmesser, welcher einen Bogen halbirt, halbirt auch die zum Bogen gehörige Sehne, und ist senkrecht auf derselben. — §. 34, 3.

4. Ein Halbmesser, welcher auf der Sehne senkrecht steht, halbirt die Sehne und den dazu gehörigen Bogen. — §. 34, 4.

5. Wenn man über der Mitte einer Sehne ein Perpendikel errichtet, so muß dieses durch den Mittelpunct des Kreises gehen.

Zeichnung, Benennung. — Was für ein Dreieck entsteht, wenn man aus dem Mittelpuncte des Kreises nach den beiden Endpuncten einer Sehne g. Ln zieht? — In welcher Verbindung stehen daher die Sätze 1—4 mit denen §. 34, 1—4? — Wie läßt sich der 5te Satz aus den vorhergehenden beweisen?

Wenn uns der Mittelpunct eines Kreises verloren gegangen wäre, wie kann man ihn wiederfinden? und wie kann man den Mittelpunct eines Kreises finden, der durch 3 gegebene Puncte geht, welche nur nicht in gerader Linie liegen dürfen?

71.

Aufg. Es sollen die verschiedenen Fälle der Richtung und des Durchschneidens zweier Sehnen aufgestellt, und dabei besonders die Lage des Durchschnittspunctes in Beziehung auf den Kreis berücksichtiget werden. Zugleich soll angegeben werden, welche Größenverhältnisse in jedem dieser Fälle Gegenstand der Untersuchung werden können.

72.

Ein Winkel am Umkreise, welcher von einem Durchmesser und einer andern Sehne gebildet wird, ist halb so groß, als der Winkel am Mittelpuncte, der mit ihm auf gleichem Bogen steht. — Vbdgl. §. 45.

Zeichnung, Benennung. — Beweis aus §. 34, 6.

2. Der Winkel am Umkreise, welcher von einem Durchmesser und einer Sehne gebildet wird, wird gemessen durch den halben Bogen auf, welchem er steht. — §. 69.

3. Jeder Winkel am Umkreise, welcher von 2 Sehnen gebildet ist, wird gemessen durch den halben Bogen, auf welchem er steht.

Welche Hülfslinie wird man ziehen müssen, um diesen Satz aus dem zweiten herleiten zu können?

4. Ein jeder Winkel am Umkreise, welcher von 2 Sehnen gebildet wird, ist halb so groß, als der Winkel am Mittelpuncte, welcher mit ihm auf gleichem Bogen steht.

5. Alle Winkel am Umkreise, welche auf demselben, oder auf gleichem Boden stehen, sind gleich groß.

Zeichnung, Benennung. Herleitung aus 3.

6. Ein Winkel in einem Kreisabschnitte (Vbdl. §. 45.) wird gemessen durch den halben Bogen, auf welchem er steht.

7. Alle Winkel in demselben Kreisabschnitte sind einander gleich.

8. Ein Winkel im Halbkreise ist ein Rechter.

Wie kann man über derselben Hypotenuse eine Menge rechtwinkliger Dreiecke zeichnen?

73.

1. Jeder von den Winkeln, welche von 2 sich innerhalb der Kreisfläche durchschneidenden Sehnen gebildet werden, wird gemessen durch die halbe Summe der beiden Bogen, auf welchen er selbst und sein Scheitelwinkel steht.

Zeichnung, Benennug. — Welche Hülfslinien wird man ziehen müssen, um den Satz aus §. 17, 3. und §. 72, 3. beweisen zu können?

2. Der Winkel, welchen 2 ungleichlaufende Sehnen, wenn man sie verlängert, außerhalb des Kreises mit einander bilden, wird gemessen durch den halben Unterschied der beiden Bogen, welche zwischen ihnen liegen.

Zeichnung, Benennung. — Beweis dem vorigen ähnlich.

74.

1. Wenn sich 2 Sehnen innerhalb des Kreises durchschneiden, so bilden die abgeschnittenen Stücke eine richtige Verhältnißgleichung, wenn man die Stücke der einen Sehne zu äußern, die der andern zu innern Gliedern macht.

2. Wenn sich 2 Sehnen innerhalb des Kreises schneiden, so ist das Rechteck aus den abgeschnittenen Stücken der einen Sehne eben so groß, als das Rechteck aus den abgeschnittenen Stücken der andern.

Zeichnung, Benennung. — Wie wird man sich, um den ersten Satz zu beweisen, ähnliche Dreiecke verschaffen können. §. 48, 1. §. 72, 5. — Welche Stücke sind gleichnamig? — Welche Verhältnißgleichung wird man daher zwischen den abgeschnittenen Stücken aufstellen können? §. 45. Wie folgt der 2te Satz aus dem ersten? §. 55, 2.

3. Ein Perpendikel aus einem Puncte des Umkreises auf einen Durchmesser gefällt, ist das mittlere Glied einer stetigen Verhältnißgleichung zwischen den beiden Abschnitten des Durchmessers.

4. Das Quadrat dieses Perpendikels ist dem Rechtecke aus den beiden Abschnitten des Durchmessers gleich.

5. Wenn man aus dem einen Endpuncte einer Sehne eines Kreises einen Durchmesser zieht, und aus dem andern Endpuncte ein Perpendikel darauf fällt, so ist die Sehne die mittlere Proportionale zwischen dem anliegenden Abschnitte und dem ganzen Durchmesser.

6. Das Quadrat dieser Sehne ist gleich dem Rechtecke aus dem anliegenden Abschnitte und dem ganzen Durchmesser.

Zeichnung, Benennung. — Beweis der Sätze 3 und 4 aus den Sätzen 1 und 2 mit Hülfe von §. 70, 4. — Anderer Beweis aus §. 50. 3. 4.

7. Wenn man von einem Puncte 2 Secanten durch den Kreis zieht, und jede ganze Secante und ihren außerhalb des Kreises liegenden Abschnitt zu symmetrischen Gliedern macht, so erhält man jedesmal eine richtige Verhältnißgleichung.

8. Die Rechtecke aus der ganzen Secante und ihrem außerhalb des Kreises liegenden Abschnitte sind einander gleich.

Zeichnung, Benennung. — Vorüb. §. 17, 3. Wbdgl. §. 43. Welche Hülfslinien hat man zu ziehen, um sich ähnliche Dreiecke zu verschaffen? u. s. w.

75.

Wenn 2 Sehnen eines Kreises gleichlaufend sind, so sind die zwischen ihnen liegenden Bogen gleich groß.

Zeichnung, Benennung. — Hülfslinie §. 72, 3.

76.

1. Errichtet man im äußern Endpuncte eines Halbmessers eine Senkrechte, so ist dieselbe eine Streiflinie oder Tangente des Kreises.

Zeichnung, Benennung. — Hat die Senkrechte einen Punct mit dem Kreise gemein? Kann sie noch einen 2ten Punct mit ihm gemein haben? — §. 38, 1. 39, 1.

2. Ein Halbmesser oder Durchmesser, nach dem berührenden Puncte einer Streiflinie gezogen, ist auf derselben senkrecht.

3. Der Halbmesser eines Kreises ist auf dem Elemente des Kreisbogens senkrecht, welches er trifft.

Zeichnung, Benennung. — Erläuterung nach dem Vortrage des Lehrers.

77.

1. Der Winkel, welchen eine Sehne mit einer Streiflinie im berührenden Puncte bildet, ist dem Winkel im entgegenstehenden Abschnitte gleich, und wird daher durch

den halben Bogen gemessen, welchen die Sehne abschneidet. §. 72, 5.

Zeichnung, Benennung. — Durchmesser an den berührenden Punct. — Hülfslinie §. 72, 8. und 76, 2.

2. Der Winkel, den eine Streiflinie mit einer verlängerten Sehne bildet, wird gemessen durch den halben Unterschied der beiden Bogen, welche zwischen ihnen liegen. — §. 73, 2.

3. Die Streiflinie vom berührenden Puncte bis zum Durchschnittspuncte mit einer verlängerten Sehne (Secante) ist das mittlere Glied einer stetigen Verhältnißgleichung, deren äußere Glieder die ganze Secante, und ihr außerhalb des Kreises liegender Abschnitt sind. §. 74, 7.

4. Das Quadrat der Streiflinie vom berührenden Puncte bis zu ihrem Durchschnitte mit einer Secante, ist dem Rechteck aus der ganzen Secante und ihrem außerhalb des Kreises liegenden Abschnitte gleich. §. 74, 8.

5. Wenn eine Streiflinie mit einer Sehne gleichlaufend ist, so sind die beiden Bogen, welche sie zwischen sich fassen, einander gleich. — §. 75.

Zeichnung, Benennung. — Wie kann eine Sehne in eine Streiflinie stetig übergehn? — Wie lassen sich demnach die obigen Sätze aus den darunter angeführten herleiten?

78.

1. Der Winkel, welchen 2 Streiflinien mit einander bilden, wird gemessen durch den halben Unterschied der beiden Bogen, in welche der Kreis durch die beiden Berührungspuncte eingetheilt wird. §. 73, 2.

2. Zwei Streiflinien von ihrem Durchschnittspuncte bis zum Berührungspuncte sind einander gleich.

3. Der Winkel, welchen 2 Streiflinien in ihrem Durchschnittspuncte mit einander bilden, wird durch die Gerade nach dem Mittelpuncte des Kreises halbirt.

Zeichnung, Benennung. — Hülfslinie zwischen beiden Berührungspuncten.

78.

1. Wenn ein Viereck im Kreise gezeichnet ist (Abbgl. 41.), so sind jede 2 gegenüberstehende Winkel zusammengenommen so groß, als 2 Rechte.

2. Theilt man einen Kreis in eine beliebige Anzahl gleicher Theile, und verbindet man dann die zunächst liegenden Theilungspuncte durch Sehnen, so erhält man immer eine regelmäßige im Kreise beschriebene Figur.

3. Zieht man durch die Theilungspuncte Streiflinien und betrachtet sie bis zu ihrem Durchschnitte, so erhält man gleichfalls eine regelmäßige um den Kreis beschriebene Figur.

Zeichnung, Benennung. — Zu den Beweisen dienen §. 72, 3 u. 5. §. 68, 5. §. 78, 3.

80.

Der Durchmesser eines Kreises verhält sich zu seinem Umfange, wenn man sich denselben in eine g. L. ausgestreckt denkt, nahe wie 7 : 22, genauer wie 1 : 3,1416.

Aufgabe. Der Durchmesser eines Kreises ist 5″, 18″, 273″, wie groß ist sein Umfang, und wie groß ist ein Bogen dieses Kreises von 12 Grad? — Der Umfang eines Kreises beträgt 24″, 317″, 2840″, wie groß ist der Durchmesser desselben?

Schüler, welche in der Raumlehre bis hier her gelangt sind, werden auch in der Arithmetik oder Rechenkunst so weit vorgeschritten sein, daß sie den Gebrauch einer leichten Formel verstehen. Eine solche enthält immer eine Rechnungsregel, wo nur statt der Zahlen oder anderweitigen Größen gewisse Zeichen als Stellvertreter gesetzt sind. Hierzu hat man die Buchstaben gewählt, und daher die Umwandlung dieser Formeln die Buchstabenrechnung genannt. — a b bedeutet a mal b; $\frac{a}{b}$ bedeutet a dividirt durch b; a^2 bedeutet a mal a, oder das Quadrat von a; a^3 bedeutet amal amal a oder den Würfel von a. u. s. w. — Wenn 2 Ausdrücke gleich sind, so bleiben sie auch gleich, wenn man gleiches addirt, gleiches subtrahirt, beide mit derselben Zahl multiplicirt oder dividirt. — Wenn also d der Durchmesser, p der Umfang eines Kreises und π die Zahl 3, 1416 bezeichnet, so ist: $p = \pi . d$, und $d = \frac{p}{\pi}$. Ist r der Halbmesser, so kann man 2r für d setzen, und erhält dann $p = \pi . 2r = 2 . \pi r$ und $r = \frac{p}{2\pi}$. — Ein Bogen von 1° ist $\frac{1}{360} . p$, ein Bogen von n° ist $\frac{n}{360}$ p, woman, wenn der Halbmesser oder Durchmesser gegeben ist, p erst berechnen kann. — Statt dessen kann man auch sogleich seinen Werth in die Formel setzen. Ein Bogen von n^0 ist demnach $\frac{n}{360}\pi d$ oder $\frac{n}{360}2\pi r$.

81.

1. Der Flächeninhalt eines Kreises wird im Quadratmaaße gefunden, wenn man seinen Umfang und Halbmesser in demselben Längenmaaße ausdrückt, beide Zahlen mit einander multiplicirt, und von dem Producte die Hälfte nimmt. §. 66, 3. — §. 61, 9.

2. Das Quadrat des Halbmessers eines Kreises verhält sich zum Flächeninhalt desselben wie der Durchmesser zum Umfange:

Man nehme AD (Fig. 29a) dem Durchmesser gleich, so hat man den 2ten Satz aus §. 61, 5 u. 9.

Wie groß ist der Flächeninhalt derjenigen Kreise, deren Durchmesser oder Umfang §. 80. gegeben wurde?

Die Fläche eines Kreises sei C, sein Halbmesser r, so ist der Umfang $2\pi r$ und es wird $C = \frac{2\pi r r}{2} = \pi r^2$.

82.

Aufg. Ein Kreis, dessen Durchmesser 1 Zoll ist, heißt ein Kreiszoll, dessen Durchmesser 1 Fuß ist, heißt ein Kreisfuß u. s. w. Man soll den Flächeninhalt eines Kreises, dessen Durchmesser im Längenmaaße gegeben ist, im Kreismaaße finden. — §. 66, 4.

Beisp. Der Durchmesser eines Kreises beträgt 7, 10, 25 Zoll, wieviel Kreiszoll enthält er?

83.

Aufg. 1. Den Flächeninhalt eines Ringes (Vbdgl. §. 48) zwischen 2 concentrischen Kreisen zu finden.

Aufg. 2. Einen Kreis zu finden, der so groß ist als die Summe oder der Unterschied zweier gegebener Kreise. — §. 65, 66.

Ist R der Halbmesser des großen, r der des kleinen Kreises, und A der Flächeninhalt des Ringes, so findet man:

$$A = \pi . R^2 - \pi r^2 = \pi (R^2 - r^2).$$

84.

1. Wenn die Mittelpuncte zweier Kreise um die Summe ihrer Halbmesser von einander entfernt stehen, so berühren

sich die Kreise von Außen in Einem Puncte und nicht in mehren. — §. 24, 2.

2. Wenn 2 Kreise einander von Außen berühren, so geht die Gerade zwischen ihren Mittelpuncten durch den berührenden Punct.

3. Wenn die Mittelpuncte zweier Kreise um den Unterschied ihrer Halbmesser von einander entfernt stehen, so berühren sie einander von Innen. — Vbdgl. §. 48.

4. Wenn man durch den Berührungspunct zweier Kreise eine Gerade zieht, so theilt sie beide in ähnliche Bogen.

Zeichnung, Benennung. — Hülfslinien. §. 49, 3. — §. 68, 6.

85.

1. Wenn 2 Kreise einander schneiden, so ist die Gerade zwischen ihren Mittelpuncten auf der gemeinschaftlichen Sehne senkrecht, und halbirt sie.

Zeichnung, Benennung. — Halbmesser nach den Durchschnittspuncten als Hülfslinien. §. 30. §. 34, 3.

2. Wenn man aus irgend einem Puncte eines Umkreises einen zweiten Kreis schlägt, welcher den ersten schneidet, so mißt der Bogen des zweiten Kreises, welcher innerhalb des ersten fällt, einen halb so großen Winkel, als der Bogen des ersten, welcher außerhalb des zweiten liegt.

Zeichnung, Benennung. — §. 69. §. 72.

3. Zieht man aus dem einen Durchschnittspuncte beider Kreise eine Gerade, welche beide Kreise schneidet, so ist des Stück derselben, welches zwischen beide Umkreise fällt, so groß als die Sehne zwischen — dem Durchschnittspuncte der Geraden mit dem ersten Kreise einerseits — und dem andern Durchschnittspuncte beider Kreise andrerseits.

4. Zieht man eine g. L., welche den ersten Kreis im Durchschnittspuncte beider Kreise streift, so ist diese, so weit sie Sehne des zweiten ist, der Entfernung der Durchschnittspuncte beider Kreise gleich.

5. Zieht man durch beide Durchschnittspuncte der Kreise Streiflinien an den zweiten Kreis, so durchschneiden sich diese im Umfange des ersten.

6. Wählt man den Halbmesser des zweiten Kreises so,

daß er den ersten gerade in den beiden Endpuncten eines Durchmessers schneidet, so ist das Stück der Fläche des ersten Kreises, welcher außerhalb des zweiten liegt, (der Halbmond) gleich dem Quadrate des Halbmessers des ersten Kreises. (Verbindgl. §. 48.).

Die Beweise dieser Sätze sind nach Anleitung des Lehrers zu führen.

Geometrische Aufgaben zur eigenen Auflösung mittelst der geraden Linien und des Kreises.

Einleitung.

Zur äußerlichen Construction der hier folgenden Aufgaben auf dem Papiere, ist an Instrumenten weiter nichts erforderlich, als ein Lineal und ein Cirkel. Der Cirkel muß mit einem Fuße versehen sein, den man herausnehmen kann, um an seine Stelle eine dazu passende Reißfeder einsetzen zu können. Die letztere besteht aus 2 durch eine Schraube verbundenen Blättern, welche genau an einander passen, und an ihren Enden, ohne eigentlich schneidend zu werden, rundlich abgeschliffen und zugeschärft sein müssen. — Beim Gebrauche befeuchtet man sie zuerst, und wischt sie dann durch ein zwischengeschobenes und umgewickeltes Löschpapier ab. Hierauf bringt man durch einen kleinen Haarpinsel etwas frisch aufgeriebene oder in einem Glase flüssig gehaltene Tusche zwischen die Blätter der Reißfeder, und schraubt sie dann so weit zusammen, bis sich die beiden Blätter fast berühren. So eingerichtet kann sie sowohl am Lineal als auch am Cirkel gebraucht werden. Die gezogenen gn Ln und Kreise müssen zusammenhängend und deutlich, aber so fein als möglich sein.

Andre Werkzeuge als Cirkel und Lineal sind in der Regel nicht erlaubt. Der Schüler muß sich bemühen, die gn Ln so genau als möglich durch die gegebenen Puncte zu führen. Ist der Mittelpunct eines Kreises gegeben, so muß der eine Fuß des Cirkels genau in denselben hineingestellt werden. Man faßt dann den Cirkel mit dem Daumen und Zeigefinger oben am Knopf, damit die Entfernung der beiden Spitzen sich nicht ändere, und führt den beweglichen Fuß in der Ebene des Papiers umher. Es fordert einige Uebung, um einerseits das Papier mit dem festen Fuße nicht zu zerstechen, andererseits aber doch auch zu verhindern, daß der im Mittelpuncte befindliche Fuß diesen nicht verlasse. Zu diesem Ende muß man sich bemühen, zwar überhaupt nur leise, aber doch gegen den festen Fuß ein wenig stärker zu drücken als gegen den beweglichen.

Für die Auflösung der Aufgaben ist folgendes zu merken. Der erste Punct und die Richtung der ersten Linie ist willkürlich; dadurch wird bloß der Ort und die Lage der Figur bestimmt. Sollen mit denselben andre Linien nach gewissen in der Aufgabe enthaltenen Bedingungen verbunden werden, so darf man das Lineal nie eher anlegen, bis man 2 Puncte gefunden hat, durch welche die g. L. hindurchgehen muß. — Ueberhaupt darf keine gegebene Länge und kein Winkel nach ungefährer Schätzung nach dem Augenmaaße aufgetragen, sondern er muß genau gemessen werden, und man muß durch geometrische Sätze beweisen können, daß das in der Aufgabe Verlangte geschehen sei. — Es ist häufig nothwendig, Kreise zu schlagen und Linien zu ziehen, welche nicht unmittelbar zu der durch die Aufgabe verlangten Figur gehören. Diese muß der Schüler auch mit Tusche zeichnen, und nicht ausradiren, damit der Lehrer sehen kann, wie er zur Auflösung gelangt ist.

Zu den meisten Aufgaben sind gewisse Seiten und Winkel gegeben, und müssen mittelst des Cirkels von der Kupfertafel genau abgetragen werden. Der Schüler muß sich nun hüten, bei der Abmessung einer gegebenen Länge, die Kupfertafel mit den scharfen Spitzen des Cirkels zu verletzen. Dieses wird aber fast unausbleiblich geschehen, wenn man die Füße des Cirkels senkrecht gegen das Papier stellt, und, während der eine in den einen Endpunct der zu messenden Länge eingesetzt ist, man den andern Fuß durch Öffnen und Schließen des Cirkels in den andern Endpunct zu bringen sucht. — Um dieses zu vermeiden, gewöhne man sich zu folgendem Verfahren. Man öffne den Cirkel nach Gutdünken etwas weiter als die zu messende Länge beträgt, und fasse ihn so, daß der Knopf oder das Charnier desselben in der flachen Hand ruht, die Spitzen der Füße aber zwischen Daumen und Zeigefinger hervorragen. So bringe man ihn sehr wenig schräg, fast wagrecht, gegen die zu messende Länge, und indem man den Cirkel nach und nach zusammendrückt, fasse man diese genau zwischen den äußersten Spitzen, und trage sie auf die gehörige Stelle, entweder mittelst zweier Puncte, oder mittelst eines Durchschnitts. — Damit die Schüler nicht nöthig haben, auf der Kupfertafel selbst Kreise zu schlagen, wodurch sie leicht verdorben werden könnte, sind in den abzutragenden Winkeln schon Kreisbogen verzeichnet.

Der Kürze wegen, und da man unendliche gerade Linien doch niemals zeichnen kann, sind in dem Nachfolgenden auch die begrenzten geraden Linien mit g. L. bezeichnet.

Wenn keine Figur durch eine Zahl angegeben ist, so wird die Winkelgröße allemal aus Fig. 30, die Länge aus Fig. 31. genommen. Diese kann sich jeder Schüler auf ein Blatt Notenpapier abtragen, da die Tafel selbst durch zu häufiges Messen bald unbrauchbar werden würde.

Aufgaben.

1. Durch zwei geg. (gegebene) Puncte eine g. L. zu zeichnen.

Der Schüler kann sich die Puncte selbst setzen, und die Auflösung mehrmal wiederholen, bis die Linien genau durch die Puncte gehen, und zwar deutlich, aber doch recht fein werden.

2. Aus einem geg. Puncte mit einem Halbmesser, welcher so groß ist als AC, (F. 31.) einen Kreis zu schlagen.

Auch diese Zeichnung muß mehrmal wiederholt werden, bis der Schüler die hinreichende Fertigkeit in der Handhabung des Cirkels erlangt hat.

3. Zwei g. Ln von gleicher Länge zu zeichnen.

4. Eine g. L. zu zeichnen, welche dreimal so lang ist, als AB.

5. Eine g. L. zu zeichnen, welche so groß ist, als AB CD, EF, F. 32. zusammengenommen.

6. Von einem geg. Puncte aus 6 g. Ln zu zeichnen, welche gleich lang sind.

7. Von einem geg. Anfangspuncte können unzählig viele g. Ln gezogen werden, welche alle so lang sind als AD. — Ihr sollt diejenige Linie zeichnen, in welcher die Endpuncte aller dieser Linien liegen müssen.

8. Ein gleichschenkliges Dreieck zu zeichnen. — Größenl. 32, 3.

9. Ueber der Seite AB, F. 32. als Grundseite ein gleichschenkliges Dreieck zu zeichnen. — Größenl. 32, 4.

10. Ein gleichschenkliges Dreieck zu zeichnen, in welchem jeder Schenkel so lang ist, als CD; F. 32.

11. Ueber der Seite CD F. 32. ein gleichseitiges Dreieck zu zeichnen. — Größenl. 32, 1.

12. Ein gleichschenkliges Dreieck zu zeichnen, dessen Grundseite so lang ist als CD, und dessen Schenkel der EF, F. 32., gleich sind.

13. Ein Dreieck zu zeichnen, dessen eine Seite so lang ist als AB, die andre so lang als CD, die dritte so lang als EF. F. 32.

Größenl. 32, 2. — Wie müssen die 3 geg. Seiten sich in Ansehung ihrer Länge verhalten, wenn die Aufgabe lösbar sein soll? Größenl. 24.

14. Ein Dreieck zu zeichnen, welches dem ABC, F. 18., vollkommen gleich ist. — Größenl. 30.

15. Zeichne eine g. L. so lang als EF, F. 32., und suche denjenigen Punct, der von E so weit entfernt liegt, als CD lang ist, von F aber so weit, als AB lang ist. — Vgl. Aufg. 7.

16. Ein Viereck zu zeichnen, welches dem ABCD, F. 33., vollkommen gleich ist, wenn man die Entfernung der Puncte C und D, sowohl von A, als von B messen kann.

Wie kann man die Lage des Punctes C finden, wenn man AC und BC messen kann? — Wie kann auf gleiche Weise die Lage des Punctes D gefunden werden?

17. Ein Fünfeck und ein Sechseck zu zeichnen, die denen F. 34. und F. 35. vollkommen gleich sind.

18. Jede geradlinige Figur, z. B. F. 27., abzuzeichnen, wenn man die Entfernung aller Winkelpuncte messen kann.

19. Das Dreieck ABC, F. 18. abzuzeichnen.

20. Einen Winkel zu zeichnen, der so groß ist, als BAC, F. 36.

Wenn AB und AC gleich lang wären, so könnte man eine Messung ersparen. Die Schenkel eines Winkels sind aber eigentlich Strahlen, d. h. ihre Länge vom Scheitelpuncte aus ist ohne Ende. Wie könnte man wohl von A aus gleiche Stücke von ihnen mit Leichtigkeit abschneiden?

21. Den Winkel BAG, F. 30. mit Hülfe eines zwischen seinen Schenkeln geschlagenen Kreisbogens abzuzeichnen.

22. Zeichne einen Winkel, der mit BAC, F. 36. zusammengenommen so groß ist, als 2 Rechte. — Größenl. 8, 3.

23. Zeichne eine g. L. und setze in dieselbe irgend wohin einen Punct. Von diesem Puncte aus zeichne eine zweite g. L., welche in ihrer Richtung von der ersten eben so viel abweicht, als AL, F. 30. von AN.

24. Zeichne eine g. L. und setze in dieselbe 2 Puncte. Von diesen Puncten aus zeichne 2 andre g. Ln, welche in ihrer Richtung von der ersten, nach derselben Seite hinaus, um gleich viel abweichen.

25. Durch 2 Puucte einer gn L. 2 andre g. Ln zu zeichnen, welche gleich gerichtet (gleichlaufend oder parallel) sind.

26. Zeichne eine g. L., und setze außerhalb derselben irgendwohin einen Punct. Durch diesen Punct soll eine andre g. L. gezeichnet werden, welche mit der ersten gleichlaufend ist.

27. Zeichne einen Winkel, dessen Schenkel eine beliebige, doch begrenzte Länge haben. Von den Endpuncten dieser Schenkel zeichne 2 andre begrenzte Linien, so daß

ein spathiges Viereck (Parallelogramm) entsteht. — Vbdgl. 34, 2.

Wie kann man bei der Zeichnung des spathigen Vierecks verfahren, wenn man sich des Satzes Größenl. 43, 1. erinnert?

28. Ein spathiges Viereck zu zeichnen, in welchem die beiden Seiten AF, AD einen Winkel einschließen, der so groß ist, als KAN.

29. Eine Raute zu zeichnen, deren Seite AE, und deren einer Winkel so groß ist als BAG. — Größenl. 41, 6.

---

30. Zeichne eine g. L. so lang als AII. — Du sollst nun einen Punct finden, der von A so weit entfernt liegt, als die L. AE lang ist. Die Richtung, in welcher der Punct liegt, soll von der Richtung AII eben so weit abweichen, als AF, Fig. 30. von AB abweicht.

31. Aus 2 Seiten AG, AD, und dem zwischenliegenden Winkel, gleich GAB ein Dreieck zu zeichnen. — Größenl. 28.

32. Zeichne eine g. L. so lang als AF. — Du sollst nun 2 andre Puncte C und D finden, welche von A aus unter den Winkeln BAE und BAJ in den Entfernungen AII und AE liegen.

Die vorstehende Aufgabe ist so zu verstehen: Der Punct C liegt von A aus in einer gn L., welche mit AF einen Winkel bildet, der so groß ist als der Winkel BAE. Er liegt ferner in einer Entfernung, welche der Länge der Linie AH gleich ist. — Der Punct D liegt auf gleiche Weise von A aus unter dem Winkel BAJ in der Entfernung AE.

33. Ein jedes Viereck, z. B. ABDC Fig. 33. abzuzeichnen, wenn man die Richtung und Entfernung aller Winkelpuncte von einem Puncte A aus kennt.

34. Jede geradlinige Figur, wie ABCDE F. 34., abzuzeichnen, wenn man die Richtung und Entfernung aller Winkelpuncte von einem Puncte A aus kennt.

Die Winkel CAB, DAB, EAB müssen abgetragen, und die Entfernungen AC, AD, AE gemessen werden.

---

35. Man weiß die Richtung, in welcher ein Punct von 2 andern bekannten Puncten liegt; es soll derselbe gefunden werden. — Zeichne eine g. L. = AJ, der gesuchte Punct liegt von A aus unter dem Winkel BAH, von J aus unter dem Winkel BAE.

36. Zu einem Dreieck ist gegeben die eine Seite = AF, und die beiden anliegenden Winkel BAE und BAG. Das Dreieck soll gezeichnet werden.

37. Zeichne eine g. L. so lang als AG. — Es sollen 2 Puncte gefunden werden, welche von A aus unter den Winkeln BAJ, BAD, von G aus unter den Winkeln BAH, BAE liegen.

38. Jede geradlinige Figur, z. B. das Fünfeck F. 34. und das Sechseck F. 35, zu zeichnen, wenn man die Richtung kennt, in welcher ihre Winkelpuncte von 2 bekannten Puncten, z. B. von A u. B, aus liegen.

39. In einem Dreieck ist die eine Seite = AG. Der eine Winkel an derselben ist so groß als BAG, und der ihr gegenüberliegende Winkel ist so groß als GAL. — Das Dreieck soll gezeichnet werden.

Es kommt dauf an, den dritten Winkel zu finden, um ihn an den andern Endpunct der gegebenen Seite anzulegen. Größenl. 16, 1. 3. Aufg. 22.

40. Zeichne eine g. L. von willkürlicher Länge. In derselben, gegen ihre Mitte hin, setze irgendwo einen Punct, und schneide nun nach beiden Seiten dieses Puncts einen Theil von dieser Linie ab, dessen Mitte dieser Punct ist.

41. g. L. von willkürlicher Länge so zu zeichnen, daß man ihre Mitte angeben kann.

42. Ein gleichschenkliges Dreieck so zu zeichnen, daß man die Mitte der Gundseite desselben angeben kann. Aufg. 41 u. 9.

43. Ein gleichschenkliges Dreieck so zu zeichnen, daß man von der Spitze nach der Mitte der Grundseite eine g. L. ziehen kann.

Was für einen Winkel bildet diese Linie mit der Grundseite? Größenl. 34, 2.

44. Zeichnet eine g. L. Setzet in derselben irgendwo einen Punct. Von diesem Punct aus zeichnet eine g. L., welche auf der ersten senkrecht ist.

45. Zeichnet eine g. L., so daß ihr deren Mitte angeben könnt. Zeichnet auf beiden Seiten dieser g. L. als Grundseite ein gleichschenkliges Dreieck, und zieht aus der Spitze jedes Dreiecks nach der Mitte der gemeinschaftlichen Grundseite eine g. L.

Was werden diese beiden gn Ln für eine Lage haben? Warum können sie zusammengenommen nur Eine g. L. bilden? Größenl. 9, 3.

46. Eine g. L. in 2 gleiche Theile zu theilen oder zu halbiren. Größenl. 34, 4.

47. Einen Winkel zu halbiren. 34, 4.

Wie wird man die an sich unbegrenzten Schenkel des Winkels begrenzen müssen, damit der geg. Winkel an der Spitze eines gleichschenkligen Dreiecks zu liegen kommt?

48. Einen geg. Kreisbogen zu halbiren, wenn man den Mittelpunct des Kreises kennt, zu welchem der Kreisbogen gehört. Größenl. 70, 2.

49. Zeichne eine beliebige g. L. Setze irgendwo außerhalb derselben einen Punct. Von diesem Puncte sollen 2 gleich lange g. Ln bis an die erste gezogen werden.

50. Zeichne wieder eine beliebige g. L. und nenne sie AB. Setze über derselben einen Punct C. Von dem Punct C aus soll nun ein gleichschenkliges Dreieck gezeichnet werden, dessen Grundseite ein beliebiger Theil der Linie AB ist.

51. Aus einem geg. Puncte eine g. L. zu zeichnen, welche auf einer geg. gn L. senkrecht ist, d. h. ein Perpendikel oder Loth darauf zu fällen.

52. Zeichne eine beliebige g. L. und nenne sie AB. Zeichne über AB oder über einen von A aus abgeschnittenen Theil von AB ein gleichschenkliges Dreieck ACD, F. 37. Verlängere DC, so daß = CE = CD ist und ziehe AE.

Wieviel gleichschenklige Dreiecke giebt es hier? welches sind ihre Spitzen? welches die Grundseiten? — Welches sind die Winkel an der Spitze? Welches die äußeren Winkel an der Spitze?

Welches die Winkel an der Grundseite? — Wie verhält sich ACD zu p, wie ACE zu q? — Wie groß sind die beiden Winkel bei C zusammengenommen? wie groß sind daher die beiden Winkel bei A zusammengenommen? — Größenl. 34, 6. §. 8, 3.

53. Zeichne eine g. L., und von dem einen Endpuncte derselben zeichne eine andre g. L., die mit der ersten einen rechten Winkel bildet.

54. Mache dieselbe Zeichnung, wie Aufg. 52., (Fig. 37) und schlage aus der gemeinsameu Spitze beider gleichschenkligen Dreiecke C mit dem Halbmesser CA einen Kreis.

Um AE ziehen zu können, darf man nur den Punct E wissen. Dieser ist aber durch den Durchschnitt der Geraden DE und des Kreisbogens bestimmt. — Wie könnte man hier noch die Zeichnung des rechten Winkels abkürzen? Vergleiche auch Größenl. 72, 8.

55. An den Endpunct einer gn L. einen rechten Winkel anzulegen.

56. Ein rechtwinkliges Dreieck zu zeichnen, dessen eine Kathete so groß als AD, die andre so groß als AE ist. F. 31.

57. Ein Quadrat zu zeichnen, dessen Seite so lang ist als AF.

58. Ein rechtwinkliges Dreieck, und über jeder Seite desselben nach Außen ein Quadrat zu zeichnen.

59. Ein Rechteck zu zeichnen, dessen eine Seite so lang ist als AK, die andre so lang ist als AE.

60. Zeichne eine g. L. so lang als AF. Ueber derselben zeichne 3 oder mehr gleichschenklige Dreiecke. Durch die Spitzen derselben ziehe eine g. L., welche die Mitte der Grundseite treffen wird. Größenl. 34, 1.

61. Zeichne eine g. L. so lang als AG. Stelle dir vor, es wäre über derselben eine unzählige Menge gleichschenkliger Dreiecke gezeichnet, und ziehe diejenige Linie, in welcher alle Spitzen derselben liegen müssen. Größenl 34, 1.

62. Mache dieselbe Zeichnung wie in der vorigen Aufgabe, und setze in die zuletzt gezogene g. L. einen Punct. Von diesem Puncte aus schlage einen Kreis, der durch die Endpuncte der zuerst gezogenen gn L. geht.

63. Zeichne dir 3 Puncte, welche nicht in einer gn L. liegen. Suche dir nun einen Punct, von welchem aus du einen Kreis beschreiben kannst, der genau durch diese 3 Puncte hindurch geht.

Wenn die 3 Puncte A, B und C heißen, wie kannst du die g. L. finden, in welcher der Mittelpunct eines Kreises liegen muß, der durch A und B gehen soll? Aufg. 61 und 62. Eben so findest du die g. L. für den Mittelpunct des Kreises durch B und C. — Wo liegt nun der Mittelpunct des Kreises durch A, B und C?

64. Zeichne eine Kreislinie. Stelle dir vor, du wüßtest den Mittelpunct derselben nicht, wie könntest du ihn finden?

65. Zeichne ein Dreieck, dessen eine Seite so groß ist als **AD**, die andre so groß als **AE**, die dritte so groß als **AF**. — Zeichne nun einen Kreis, welcher durch die 3 Winkelpuncte des Dreiecks geht.

---

66. Zwei Kreislinien zu zeichnen, welche sich in einem Puncte von Außen berühren. Vbdgl. 48. Größenl. 84, 1.

67. Zwei Kreislinien zu zeichnen, die einander von Innen berühren. Größenl. 84, 3.

68. Drei Kreise von gleichem Halbmesser zu zeichnen, welche einander von Außen berühren.

69. Zeichne einen Kreis. — Um diesen Kreis zeichne mit demselben Halbmesser andre Kreise, welche den ersten Kreis, sich selbst unter einander aber auch berühren.

70. Drei Kreise, von denen 2 gleiche Halbmesser haben, zu zeichnen, die einander von Außen berühren.

71. Drei Kreise von ungleichen Halbmessern zu zeichnen, die einander von Außen berühren.

72. Zeichne eine g. L. und setze über derselben einen Punct. Suche mir nun durch eine geometrische Zeichnung diejenige Stelle der gn L., welche dem gesetzten Puncte am nächsten ist. Größenl. 39, 1.

73. Aus einem geg. Puncte einen Kreis zu zeichnen, welcher eine geg. g. L. berührt.

74. Zeichne einen Winkel so groß als KAN, Fig. 30. — Halbire denselben durch eine g. L. und setze in dieselbe einen Punct D. Von diesem Puncte aus fälle auf jeden Schenkel des Winkels ein Loth, wie DB, DC. Fig 38.

Wie verhalten sich die beiden Dreiecke DAB, DAC Fig. 38? wie die beiden Lothe DB, DC? — Größenl. 29. — Sollten hier die beiden Winkel ADB und ADC wohl gleich sein müssen? Größenlehre 16, 3.

75. Zeichne einen Winkel so groß als den in voriger Aufgabe, und schlage einen Kreis, welcher die beiden Schenkel des Winkels berührt.

76. Zeichne einen Winkel, so groß als LAN, und schlage 3 oder mehr Kreise, deren jeder die beiden Schenkel des Winkels berührt.

77. Zeichne einen Winkel so groß als LAN. In diesem Winkel zeichne eine g. L., in welcher die Mittelpuncte aller möglichen Kreise liegen müssen, welche beide Schenkel berühren.

78. Zeichne aus den 3 Seiten AH, AI, AK ein Dreieck. In diesem Dreiecke schlage einen Kreis, welcher alle 3 Seiten desselben berührt.

---

79. Einen Winkel zu zeichnen, welcher 45 Grad enthält oder ein halber Rechter ist.

80. Einen Winkel von 60 Grad oder zwei Dritteln eines Rechten zu zeichnen. Größenl. 36, 2.

81. Einen rechten Winkel in 3 gleiche Theile zu theilen.

82. Einen Winkel von 30 Grad oder ein Drittel eines Rechten zu zeichnen.

83. Eine Kreislinie in 6 gleiche Theile zu theilen.

84. Eine Kreislinie in 12 und eine andre in 24 gleiche Theile zu theilen. Aufg. 47 u. 48.

85. Eine Kreislinie in 4 gleiche Theile zu theilen.

86. Eine Kreislinie in 8, eine andre in 16, eine dritte in 32 gleiche Theile zu theilen.

87. Zeiche mit dem Halbmesser AF einen Kreis. In diesen Kreis zeichne ein regelmäßiges Achteck. Größenl. 44, 1. Wbdgl. 47.

88. In einen mit dem Halbmesser AF beschriebenen Kreis ein regelmäßiges Zwölfeck zu zeichnen.

89. Zeichne ein gleichschenkliges Dreieck, dessen Grundseite AD und dessen Schenkel AC ist, und nenne es ABC, so daß A an der Spitze steht, wie in Fig. 39. — Zeichne über derselben Grundseite ein anderes gleichschenkliges Dreieck, in welchem der Winkel an der Spitze halb so groß ist, als BAC.

Wenn in Fig. 39. BEC halb so groß wäre als BAC, so müßte auch wohl BED halb so groß sein als BAD. Es ist aber BAD ein äußerer Winkel am Dreieck BAE. — Größenl. 34, 6 u. 7. Vergl. auch 72, 4.

90. Ein regelmäßiges Viereck zu zeichnen, dessen Seite so lang ist, als AG.

Wie groß ist in diesem Viereck der Winkel am Mittelpuncte? und wie kann derselbe sogleich über der geg. Seite, und unabhängig von dem Quadrate gefunden werden? Größenl. 44, 6. — 36, 1. — 72, 8.

91. Ein regelmäßiges Achteck zu zeichnen, in welchem jede Seite so lang ist, als AC.

Wie groß ist der Mittelpunctswinkel im regelmäßigen Achteck? In welcher Verbindung steht dadurch diese Aufgabe mit den beiden vorigen? — Was hat man zu thun, wenn der Mittelpunct der regelmäßigen Figur gefunden ist?

92. Ueber der Seite AB ein regelmäßiges Sechszehneck zu zeichnen.

93. Ueber der Seite AD ein regelmäßiges Sechseck zu zeichnen.

94. Ueber der Seite AC ein regelmäßiges Zwölfeck zu zeichnen.

---

95. Das Dreieck ABC F. 40, soll uns bei den folgenden Aufgaben zur kurzen Bezeichnung der Lage der gegebenen Stücke dienen, aus denen ein Dreieck gezeichnet

werden soll. A bezeichnet den ganzen Winkel an der Spitze B und C die Winkel an der Grundseite a, b u. c sind die beiden andern Seiten des Dreiecks, welche den gleichnamigen Winkeln gegenüberliegen. Das Loth AD = h aus der Spitze auf die Grundseite, theilt die letztere in die beiden Abschnitte m und n, und den Winkel an der Spitze in die beiden Stücke p und q. — Jeder zeichne sich das Dreieck ABC oder ein ähnliches auf einem besonderen Blatte ab, und setze die Buchstaben dabei, um das Ganze beständig zur Hand zu haben.

96. Geg. a = AH; m = AF; h = AE, d. h. die Grundseite eines Dreiecks soll so lang sein als AH, Fig. 31, der linke Abschnitt derselben bis an das Perpendikel, soll so lang sein als AF, und die Höhe soll so groß sein als AE. Man soll das Dreieck zeichnen.

Anm. Damit der Lehrer sogleich übersehen kann, welches die Stücke sind, welche zur Bildung des Dreiecks gegeben sind, schreibst du die Buchstaben, welche die geg. Stücke bezeichnen, auf der gehörigen Stelle heran. Alle übrigen Buchstaben aber bleiben weg. — Daß alle Hülfslinien, z. B. um den rechten Winkel zu zeichnen, stehen bleiben müssen, ist schon früher bemerkt.

97. Geg. m = BD; n = DH; h = FI.
98. Geg. m = AD; h = AC; A = BAK, F. 30.

99. In einer Raute ist die eine Diagonale und der Abstand derselben von den Spitzen der beiden Winkel, welche sie nicht verbindet, gegeben; man soll die Raute zeichnen. — Größenl. 41, 6. — 39, 1. — 34, 1.

100. Geg. m = AE; n = BE; c = AG.
101. Geg. a = AH; n = CF; b = AF.
102. Geg. b = BG; n = CF; p = BAF.
103. Geg. b = BG; n = CF; A = BAI.
104. Geg. b = BG; n = CF; B = BAE.
105. Geg. b = BG; n = CF; c = AF.

106. Zu einem Rechteck ist die Diagonale = AG, und die eine Seite = AF abgeben, man soll das Rechteck zeichnen.

107. Geg. b = AF; h = AE; m = AD.
108. Geg. b = AG; h = AF; a = AH.
109. Geg. b = CH; h = BG; p = BAG.

110. Geg. c = AF; h = AD; A = GAL.

111. Geg. c = BG; h = CF, C = CAH.

112. Geg. c = AG; h = AD; B = AF.

113. In einer Raute ist die eine Seite = AF, und der Abstand eines Winkelpuncts von der einen Diagonale = AC; die Raute soll gezeichnet werden.

114. Die Höhe eines spathigen Vierecks (Parallelogramms ist = AC, die große Diagonale = AG, und der spitze Winkel ist so groß als BAG; das spathige Viereck soll gezeichnet werden.

115. Geg. m = AD; n = DG; C = BAF.

116. Geg. n = BG; a = AH; C = KAM.

117. Geg. n = AC; p = HAL; C = LAN.

118. Geg. n = EG; A = GAL; C = BAG.

119. Geg. n = CF; B = CAH; C = DAI.

120. Geg. n = GI; c = AF; C = DAI.

121. Geg. h = AD; q = BAF; m = AE.

122. Geg. h = BE; q = CAG; a = AH.

123. Geg. h = CF; q = DAI; p = CAH.

124. Geg. h = DG; p = EAI; a = HAM.

125. Geg. h = EH; p = FAK; C = GAL.

126. Geg. h = FH; p = GAK; b = BG;

127. Geg. h = AC; q = BAD; m = CG.

128 Geg. n = BD; q = CAE; a = AF.

129. Geg. n = CF; q = CAF; p = BAG.

130. Geg. m = DG; p = CAF; A = CAK.

131. Geg. m = EH; p = BAF; C = CAI.

132. Geg. m = FI; p = BAG; b = DH.

133. Geg. h = CG; C = BAF; m = BG.

134. Geg. h = CG; C = CAH; a = AH.

135. Geg. h = CG; C = DAI; p = KAN.

136. Geg. h = CG; B = DAI; A = EAL.

137. Geg. h = CG; B = EAI; C = CAI.

138. Geg. h = CG; B = FAI; b = CH.

139. Die eine Seite eines Rechtecks ist so lang als AD, und der Winkel, welchen die Diagonale dieses Rechtecks mit demselben bildet, ist so groß als BAH; das Rechteck soll gezeichnet werden.

140. Die Höhe einer Raute ist = AD, der eine Winkel derselben ist = BAE; die Raute soll gezeichnet werden.

141. Zu beweisen, daß sich die Diagonalen eines spathigen Vierecks gegenseitig halbiren.

142. Die große Diagonale eines spathigen Vierecks ist so lang als AG, der Abstand derselben von der Spitze der stumpfen Winkel ist = AB, und der Winkel, den beide Diagonalen mit einander bilden, ist = BAG; das spathige Viereck soll gezeichnet werden.

143. Geg. b = AD; C = DAI; m = AE.
144. Geg. b = BF; C = BAF; a = BG.
145. Geg. b = CG; C = BAE; p = BAH.
146. Geg. c = AE; B = CAG; A = BAI.
147. Geg. c = BG; B = DAH; C = BAG.
148. Geg. c = CG; B = EAI; b = BH.
149. Geg. b = AD; q = BAE; m = AE.
150. Geg. b = BE; q = CAF; a = AF.
151. Geg. b = CF; q = DAG; p = HAL.
152. Geg. c = AE; p = BAG; A = DAK.
153. Geg. c = BF; p = CAH; C = BAH.
154. Geg. c = CG; p = DAI; b = BF.

155. Zu einem Rechteck ist die Diagonale = AG, und ein an derselben liegender Winkel = BAD gegeben; man soll das Rechteck zeichnen.

156. Zu einem gleichschenkligen Dreieck ist einer von den gleichen Schenkeln = BG, und ein Winkel an der Grundseite = BAG gegeben; das Dreieck soll gezeichnet werden.

157. Zu einer Raute ist die Diagonale = AF und ein anliegender Winkel = BAD gegeben; die Raute soll gezeichnet werden.

158. Das Dreieck BAC Fig. 41, welches bei C einen stumpfen Winkel hat, abzuzeichnen und das Loth AD auf die verlängerte Grundseite zu fällen. Die mit den gleichnamigen großen Buchstaben bezeichneten Stücke haben hier dieselbe Bedeutung, wie in Fig. 40. A bedeutet den Winkel BAC; C den Winkel BCA; m = BD ist der eine Ab-

schnitt der Grundseite BC = a, und CD = n der andre. Dieses Dreieck soll auf ähnliche Weise, wie das vorige, gebraucht werden, es muß sich jedoch aus der Aufgabe selbst erst ergeben, ob die Lage wie in F. 40. oder wie in F. 41. sein wird, wo das Loth auch auf der Seite von B sein kann. Sollten Aufgaben vorkommen, bei denen sich aus den gegebenen Stücken gar kein Dreieck bilden läßt, so muß dieses wörtlich bemerkt werden.

159. Geg. a = AD; m = AF; h = GI.
160. Geg. m = AF; h = FH; A = BAD.
161. Geg. m = BA; —n = AB; h = BF.

Anm. Wenn das Zeichen (—) vor einen Buchstaben gesetzt wird, so bedeutet das, daß die Linie oder der Winkel, welchen er bezeichnet, die entgegengesetzte Lage hat, wie in Fig. 40. So bedeutet hier —n, daß der Abschnitt n auf der linken Seite des Lothes liegt; —m würde bezeichnen, daß der Abschnitt m auf der rechten Seite des Lothes liegen müsse. Dasselbe gilt von p u. q. Diese Bezeichnungen treten jedoch nur dann ein, wenn die Lage aus der Aufgabe selbst sich nicht schon ergiebt.

162. Geg. a = AF; —b = AD; a = EG.
163. Geg. a = AC; c = AF; m = AE.
164. Geg. c = AF; m = AE; A BAE.
165. Geg. c = AF; m = AE; A = BAK.
166. Geg. c = AF; m = AG; A = BAF.
167. Geg. b = BG; n = CF; B = BAK.
168. Geg. h = AC; b = AG; A = CAG.
169. Geg. h = AE; b = AG; —p = BAC.
170. Geg. h = AF; c = AH; —n = AB.
171. Geg. h = AD; c = AH; B = BAK.
172. Geg. m = AG; B = CAG; a = AE.
173. Geg. m = AG; B = BAE; A = BAE.
174. Geg. n = AF; C = BAE; B = CAL.
175. Geg. n = AE; C = BAF; c = AE.
176. Geg. n = AG; q = BAH; a = AE.
177. Geg. n = AG; q = BAH; —p = BAC.
178. Geg. m = CH; p = BAG; —n = AC.
179. Geg. m = CH; p = BAG; b = AF.
180. Geg. b = GK; C = HAN; A = BAF
181. Geg. b = FI; q = BAC; p = BAG.

182. Geg. c = AG; B = BAE; —n = AB.
183. Geg. c = AG; p = BAE; C = BAK.

---

184. Zeichne eine Kreislinie und setze in derselben irgendwo einen Punct. Durch diesen Punct ziehe eine g. L., welche den Kreis nur in Einem Puncte berührt, d. h. eine Streiflinie oder Tangente. Größenl. 76, 1.

185. Zeichne eine g. L. so lang als AH, F. 31, und nenne sie MN. Ueber derselben als Hypotenuse errichte 8 rechtwinklige Dreiecke auf ähnliche Weise, wie die rechtwinkligen Dreiecke ACB; ADB u. s. w., F. 42. über der Hypotenuse AB verzeichnet sind. Zeichne nun eine Linie, welche durch die Spitzen aller möglichen Dreiecke geht, deren Hypotenuse und zugleich Grundseite MN ist.

186. Zeichne eine Kreislinie; setze außerhalb des Kreises irgendwo einen Punct, und nenne ihn p. — Du sollst nun denjenigen Punct der Kreislinie finden, in welchem eine Streiflinie oder Tangente, durch p gezogen, den Kreis berühren würde, und diese dann zeichnen. — Größenl. 72, 8.

187. Zeichne eine Kreislinie, und in derselben einen Durchmesser AB (Fig. 43). Von dem einen Endpuncte des Durchmessers zeichne eine Sehne BF, die mit demselben einen Winkel bildet, der so groß ist als BAG (F. 30). Du sollst nun eine Tangente an den Kreis ziehen, welche mit der Sehne BF gleichlaufend ist.

Wenn C der Mittelpunct, und E der Berührungspunct ist, was hat der Halbmesser CE für eine Lage gegen die Tangente und gegen die Sehne?

188. Zeichne eine Kreislinie. Durch den Mittelpunct derselben ziehe eine g. L. AG von unbestimmter Länge, F. 43. Du sollst nun eine Streiflinie an den Kreis legen, welche mit AG einen Winkel bildet, welcher so groß ist als BAE, F. 30.

189. Zeichne einen Kreis und irgendwo außerhalb desselben eine g. L. — Du sollst nun eine Streiflinie an den Kreis ziehen, welche mit der gn L. einen Winkel bildet, der so groß ist als BAG.

190. Zeichne einen Kreis und durch denselben einen Durchmesser. Du sollst nun eine Streiflinie an den Kreis ziehen, welche mit dem verlängerten Durchmesser einen Winkel bildet, der so groß ist, wie $\frac{1}{3}$ eines Rechten.

Wenn CGE (Fig. 43.) = $\frac{1}{3}$ eines Rechten wäre, wie groß würde BE in Graden, und wie würde sich BG zum Durchmesser des Kreises verhalten? Größenl. 40, 2.

---

191. Ueber einer Grundseite, welche so lang ist als AG (F. 31.), sollen mehre Dreiecke gezeichnet werden, welche alle die Höhe AE haben.

192. Zeichne eine g. L. so lang als AG. Du sollst nun eine Linie zeichnen, welche durch die Spitzen aller möglichen Dreiecke geht, welche über der Grundseite AG gezeichnet werden können, und deren Höhe = AE ist.

Alle Dreiecke müssen auf derselben Seite von AG liegen,

193. Ueber der Grundseite AG ein gleichschenkliges Dreieck zu zeichnen, dessen Höhe so groß als AE ist. Vgl. Aufg. 61.

194. Ein Dreieck zu zeichnen, dessen Grundseite AG, Höhe AE, und in welchem der eine Abschnitt der Grundseite so groß als AF ist.

195. Zeichne eine g. L. so lang als AG. Es soll nun eine Linie gezogen werden, welche durch die Spitzen aller möglichen Dreiecke geht, deren Grundseite dieselbe Linie AG ist, und in welchen der eine Abschnitt der Grundseite durch das Perpendikel aus der Spitze so groß ist als AF.

196. Zeichne eine g. L. so lang als AG. Ueber derselben als Grundseite zeichne ein beliebiges Dreieck, in welchem aber der an der Grundseite bei A anliegende Winkel so groß ist als BAF.

Welches ist diejenige Linie, in welcher die Spitze des Dreiecks nothwendig liegen muß?

197. Zeichne eine g. L. so lang als AG. Von A aus zeichne unter einem beliebigen Winkel eine andre g. L. so

lang als AF. Du sollst nun diejenige Linie zeichnen, in welcher die Spitze eines über AG als fester Grundseite zu bildenden Dreiecks liegen muß, dessen anliegende Seite so groß ist als AF.

Anm. Eine Linie, in welcher ein gesuchter Punct liegt, heißt der geometrische Ort desselben. Wenn nun die Grundseite in unveränderlicher Lage und Größe gegeben ist, welches ist der geometrische Ort der Spitze?

1. wenn das Dreieck ein gleichschenkliges sein soll? Aufg. 61.
2. wenn die Höhe des Dreiecks gegeben ist? Aufg. 192.
3. wenn der eine Abschnitt der Grundseite gegeben ist? Aufg. 195.
4. weun der anliegende Winkel gegeben ist? Aufg. 196.
5. wenn eine der übrigen Seiten gegeben ist? Aufg. 197.
6. wenn der der Grundseite gegenüber liegende Winkel ein Rechter ist? Aufg. 186.

198. Ueber einer Grundseite, welche so groß ist als AF, soll ein Dreieck gezeichnet werden, in welchem der eine an der Grundseite anliegende Winkel ein Rechter, der ihr gegenüberliegende Winkel aber so groß ist als BAF. Größenl. 16, 8.

199. Ueber einer Grundseite = AF soll ein gleichschenkliges Dreieck gezeichnet werden, in welchem der Winkel an der Spitze so groß ist, als BAG. — Größenl. 34, 1. 2.

200. Ueber einer Grundseite = AF sollen mehre Dreiecke gezeichnet werden, in welchen der Winkel an der Spitze so groß ist als BAG. — Größenl. 72, 5 u. 1. — 70, 5 u. Anm.

201. Zeichne eine g. L. = AF. — Es soll nun eine L. gezeichnet werden, welche durch die Spitzen aller möglichen über AF als Grundseite liegenden Dreiecke geht, bei denen der Winkel an der Spitze so groß ist als BAE.

202. Wie findet man den geometrischen Ort für die Spitze eines Dreiecks, wenn die Grundseite und der ihr gegenüberliegende Winkel gegeben ist?

203. Ueber einer Grundseite = AF soll ein Dreieck gezeichnet werden, dessen Höhe = AC, und Winkel an der Spitze = BAG ist.

Welches ist der geometrische Ort der Spitze des Dreiecks, vermöge der ersten Bedingung, daß die Höhe = AC sein soll? Welches ist der geometrische Ort vermöge der zweiten Bedingung, daß der Winkel an der Spitze = BAG ist? — In welchen beiden Linien liegt also die Spitze des Dreiecks, und welches ist der Punct derselben?

204. Ueber einer Grundseite = AF ein Dreieck zu zeichnen. Der Winkel an der Spitze desselben soll = BAH, und der eine Abschnitt derselben durch das Perpendikel aus der Spitze soll AD sein.

205. Ueber einer gegebenen Grundseite = AF ein Dreieck zu zeichnen, zu welchem die eine Seite = AE, und der Winkel an der Spitze = BAF gegeben ist.

206. Zwei begrenzte Linien sind zusammengenommen so groß als AK. Die eine ist um das Stück AC größer als die andre, Du sollst die beiden Linien suchen.

207. Die Summe zweier Seiten eines Dreiecks ist = AK, ihr Unterschied = AD, und der von ihnen eingeschlossene Winkel = BAG; das Dreieck soll gezeichnet werden. (Gegeben: a + b, a — b, C. F. 40.)

208. Die Summe zweier Winkel ist gleich BAM, ihr Unterschied = BAE; man soll die beiden Winkel finden.

209. Zu einem Dreieck ist die Grundseite = BH, die Summe = BAL und der Unterschied = BAC der beiden an derselben liegenden Winkel gegeben; man soll das Dreieck zeichnen. (Geg. a, C + B, und C — B, F. 40.)

210. Zu einem Dreiecke ist gegeben die Grundseite = FK, der Winkel an der Spitze = BAH, und der Unterschied der beiden übrigen Winkel = HAI; man soll das Dreieck zeichnen. (Geg. a, A, C — B.)

---

211. Eine geg. g. L. = AG in 5 gleiche Theile zu theilen. Größenl. 46, 2. — 47, 2.

212. In dem Dreieck ABC, Fig. 44, soll die Seite BC in demselben Verhältniß getheilt werden, in welchem AB durch den Punct D getheilt ist.

213. Eine geg. g. L. CD, Fig. 45, in demselben Ver-

hältniß zu theilen, in welchem eine andere AB durch die Puncte E und F getheilt ist.

214. Eine geg. g. L. = AH so zu theilen, daß sich die Theile so verhalten wie die Zahlen 2, 3, 5.

215. Zu 3 geg. gn Ln, AD, AG, AE die vierte Verhältnißlinie zu finden, so daß sich verhält AD : AG = AE : x, wenn die gesuchte Linie x genannt wird.

216. Zu 2 geg. gn Ln, AC, AE die dritte Verhältnißlinie zu finden, so daß sich verhält AC : AE = AE : x.

217. Ueber der Seite AD ein Dreieck zu zeichnen, welches dem ABC, Fig. 40, ähnlich, und in welchem die geg. Seite AD mit BC gleichnamig ist.

218. Ueber der Seite cd, Fig. 46, ein Viereck zu zeichnen, welches dem ABCD ähnlich, und in welchem cd mit CD gleichnamig ist.

219. Ueber einer geg. Seite = GI eine Figur zu zeichnen, welche der ABCDE, Fig. 34. ähnlich, und in welcher GI mit AB gleichnamig ist.

220. Zwischen 2 geg. gn Ln, AC, CG die mittlere geometrische Proportionale zu finden. — Größenl. 50, 3.

---

221. Zeichne ein spathiges Viereck oder Parallelogramm, gleich dem in Fig. 16. — Ueber derselben Grundseite zeichne ein Rechteck, welches mit dem spathigen Vierecke gleichen Flächenraum hat; oder: das spathige Viereck Fig. 16. in ein Rechteck zu verwandeln.

222. Das spathige Viereck ABCD Fig. 47. in ein anderes zu verwandeln, welches dieselbe Grundseite CD, aber bei C einen Winkel hat, welcher so groß ist als BAH.

223. Ein spathiges Viereck ABCD, Fig. 47, in ein anderes zu verwandeln, welches eine gegebene Seite = DI hat.

224. Ein spathiges Viereck ABCD, Fig. 47. in ein anderes zu verwandeln, welches eine gegebene Seite = GK und einen geg. Winkel = BAD hat.

225. Ein Rechteck zu zeichnen, welches so groß ist als die Summe zweier Rechtecke von gleicher Grundseite.

226. Ein spathiges Viereck oder Parallelogramm zu zeichnen, welches so groß ist, als die Summe zweier gegebenen spathigen Vierecke von gleicher Grundseite.

227. Ein spathiges Viereck zu zeichnen, welches so groß ist als die Summe der beiden spathigen Vierecke Fig. 16. und Fig. 47. von ungleicher Grundseite.

228. Ein spathiges Viereck zu zeichnen, welches doppelt so groß ist, als das Dreieck ABC, Fig. 44.

229. Ein Rechteck zu zeichnen, welches dem Dreiecke ABC, Fig. 44. gleich ist.

230. Ein Rechteck zu zeichnen, welches eben so groß ist, als das Viereck ABCD, Fig. 46.

Wenn man die Diagonale BD zieht, und diese als die Grundseite der beiden Dreiecke ABD und CBD ansieht, wie läßt sich das Rechteck um die Diagonale sogleich zeichnen?

231. Ein Rechteck zu zeichnen, welches so groß ist, als das Viereck ABCD, Fig. 46, und als das Dreieck ABC, Fig. 44. zusammengenommen. Aufg. 223, 225.

232. Jede gegebene vielseitige Figur als ABCDEF, Fig. 35 in ein Rechteck zu verwandeln.

233. Ein Dreieck zu zeichnen, welches so groß ist, als 2 andere gegebene Dreiecke von gleicher Höhe. Größenl. 61. 5.

234. Ein Dreieck zu zeichnen, welches so groß ist, als eine gegebene regelmäßige Figur, z. B. Fig. 17.

235. Ueber der Grundseite BC, Fig. 39, mehre Dreiecke zu zeichnen welche so groß sind als das Dreieck EBC.

236. Stelle dir vor, es wären über der Grundseite BC, Fig. 39, sehr viele, mit FBC gleich große, Dreiecke gezeichnet. Du sollst nun eine Linie ziehen, welche durch die Spitzen aller dieser Dreiecke geht. — Größenl. 60, 4. Aufg. 192.

237. Es ist gegeben ein Kreis, und eine g. L., AFEB, Fig. 43, und CD. Fig. 45, beide in unveränderlicher Lage

gegen einander. Man soll über CD, welches so groß ist, als BC, Fig. 19, ein Dreieck zeichnen, welches dem Dreieck ABC, Fig. 19, gleich ist, und mit seiner Spitze irgendwo im Umfange des Kreises liegt.

Welches sind die geometrischen Oerter für die Spitze? Aufg. 197. Anm. Wieviel Auflösungen sind möglich? In welchen Fällen ist nur Eine, in welchen gar keine Auflösung möglich?

238. Es ist gegeben eine begrenzte g. L. CD, Fig. 45. und eine unbegrenzte EG, Fig. 43, beide in unveränderlicher Lage gegen einander. Man soll über CD ein Dreieck errichten, welches dem ABC, Fig. 19, gleich ist, und mit seiner Spitze irgendwo in EG liegt.

Wieviel Auflösungen sind hier möglich? — In welchem Falle sind viele, in welchem eine, in welchem keine Auflösung möglich?

239. Ein geg. unregelmäßiges Viereck ABCD, Fig. 46, in ein Dreieck zu verwandeln, dessen Spitze in B, und dessen Grundseite in der Linie CD liegt.

Zieht man BD, so kann das Dreieck BCD ganz seine Lage behalten. Das Dreieck BAD wird sich aber so anschließen müssen, daß die Spitze A in die Verlängerung von CD fällt.

240. Das Fünfeck ABCDE, Fig. 34, in ein Dreieck zu verwandeln, dessen Spitze in D, und dessen Grundseite in der Linie AB liegt.

241. Jede gegebene vielseitige Figur, z. B. ABCDEF, Fig. 35, in ein Dreieck zu verwandeln, dessen Spitze in einem Winkelpuncte, und dessen Grundseite in der Linie einer Seite derselben liegt.

242. Ein geg. Dreieck ABC, Fig. 44, in ein anderes zu verwandeln, dessen Spitze in D, und dessen Grundseite in der Linie BC liegt.

243. Eine beliebige vielseitige Figur, z. B. ABCDEF, Fig. 35, in ein Dreieck zu verwandeln, dessen Spitze im Puncte p in einer Seite und dessen Grundseite in der Linie AB liegt.

244. Das Dreieck ABC, Fig. 44, in ein andres zu verwandeln, welches mit seiner Spitze im Puncte p, und mit seiner Grundseite in der Linie BC liegt.

245. Ein Quadrat zu zeichnen, welches dem Rechtecke F. 8, gleich ist, oder: ein geg. Rechteck in ein Quadrat zu verwandeln. — Größenl., 74,4.

246. Ein geg. Dreieck ABC, Fig. 44, in ein Quadrat zu verwandeln. Aufg. 229, 245.

247. Eine geg. vielseitige Figur, z. B. ABCDEF, Fig. 35, in ein Quadrat zu verwandeln. Aufg. 241, 229, oder 225 und 231.

248. Ueber einer geg. Seite = AG, Fig. 31, ein Rechteck zu zeichnen, welches dem Quadrate über der Seite AE gleich ist.

---

249. Ein Quadrat zu zeichnen, welches so groß ist als 3 andre Quadrate zusammengenommen, deren eins die Seite AC, das andre die Seite AD, und das dritte die Seite AE hat. Größenl. 65.

250. Es soll ein Quadrat gefunden werden, welches mit dem Quadrate über der Seite AC zusammengenommen so groß ist, als das Quadrat über der Seite AE.

251. Ein Quadrat zu zeichnen, welches dreimal so groß ist, als das Quadrat über der Seite AC.

252. Ein Quadrat zu zeichnen, welches so groß ist als $\frac{2}{3}$ des Quadrats über der Seite AG. — Größenl. 74, 5. 6.

253. Ein gleichseitiges Dreieck zu zeichnen, welches so groß ist, als die beiden gleichseitigen Dreiecke über der Seite BH und CG zusammengenommen.

254. Eine Figur zu zeichnen, welche zweien geg. Figuren ABCDE und abcde, F. 20, ähnlich, und ihrem Unterschiede gleich ist.

255. Einen Kreis zu zeichnen, welcher halb so groß ist, als ein mit dem Halbmesser AD beschriebener Kreis. Größenl. 66,2 u. 4. — 62, 4.

---

256. Zu einem Dreieck ist gegeben die Grundseite = AG, ein Winkel an derselben = BAF, und die Summe der beiden übrigen Seiten AI. Man soll das Dreieck zeichnen. (Geg. a, C, b + c, F. 40.) Größenl. 28. — 33, 1.

257. Zu einem Dreieck ist gegeben die Grundseite = AF, die Summe der beiden übrigen Seiten = AH, und der Winkel an der Spitze = BAH; man soll das Dreieck zeichnen. (Geg. a, b + c, u. A, Fig. 40). — Größenl. 31. Anm.

258. Zu einem Dreieck ist gegeben die Grundseite = AF, der Winkel, den die Grundseite mit der größern der beiden übrigen Seiten bildet, = BAD, und der Unterschied der beiden übrigen Seiten = BC. (Geg. a, B, c — b. F. 40.)

259. Die Grundseite eines zu zeichnenden Dreiecks ist so groß als BG, der Winkel, den die Grundseite mit der kleinern Seite bildet = BAH, und der Unterschied der beiden Seiten = CE. (Geg. a, C. c — b, F. 40.)

260. Ein Dreieck ist bestimmt durch die Grundseite = BG, den Winkel an der Spitze = DAK, und den Unterschied der beiden übrigen Seiten = BD. (Geg. a, A, c — b.)

261. Zu einem Dreieck sind gegeben die beiden an der Grundseite liegenden Winkel, BAE und BAG, und die Summe der Grundseite und einer der übrigen Seiten = AK. (Geg. B, C, a + b.)

262. Man kennt die Summe der Grundseite und einer der beiden übrigen Seiten eines Dreiecks = AK, nebst dem Winkel, den beide mit einander bilden, BAE. Auch ist der Unterschied der beiden übrigen Winkel bekannt = BAC. Man soll das Dreieck zeichnen. (Geg. a, + b, C, A — B). Aufg. 208.

263. Der Umfang eines Dreiecks ist = AK. — Der eine Winkel desselben ist = BAG, ein anderer = BAH; das Dreieck soll gezeichnet werden. Geg. a, + b + c, B, C.)

264. Zu einem Dreieck ist gegeben die Summe zweier Seiten = AH, der von demselben eingeschlossene, und der

der größern gegenüberstehende Winkel, BAI und BAF. (Geg. b + c, A, C.)

265. Zu einem Dreieck ist die Summe zweier Seiten = BK, und die diesen Seiten gegenüberliegenden Winkel, BAE und BAH gegeben. (Geg. b + c, B, C.)

266. Zu einem Dreieck ist gegeben der Unterschied zweier Seiten = AB, der Winkel, welcher von beiden eingeschlossen ist = BAI, und der Winkel, welcher der größern gegenüberliegt = BAG. (Geg. c — b, A, C.)

267. Zu einem Dreiecke ist gegeben der Unterschied zweier Seiten = CE, und die Winkel, welche diesen Seiten gegenüber liegen, BAE und BAG. (Geg. c — b, B, C.)

268. Zu einem Dreiecke ist gegeben der Unterschied zweier Seiten = BD, der von demselben eingeschlossene und der der kleinern gegenüberliegende Winkel, DAL und BAD. (Geg. c — b, A, B.)

269. Ein Winkel einer Raute ist = BAH. — Die eine Seite derselben, und die Höhe der Raute sind zusammengenommen so groß als AI. — Die Raute soll gezeichnet werden.

270. Zu einer Raute ist gegeben der eine Winkel = BAF, und das Stück AC, um welches die Seite derselben die Höhe übertrifft.

271. Die Diagonale eines Rechtecks ist = AG, die Summe von 2 zusammenstoßenden Seiten = CK; man soll das Rechteck zeichnen.

272. Die Diagonale eines Rechtecks ist = AG, und die eine Seite desselben ist um das Stück AC größer als die andere. Das Rechteck soll gezeichnet werden.

273. In einem Quadrat ist die Diagonale und die eine Seite zusammengenommen = AH. Es soll das Quadrat gezeichnet werden.

274. Die Diagonale eines Quadrats ist um das Stück AB größer als die Seite desselben. Es soll das Quadrat gezeichnet werden.

275 Es ist ein Dreieck ABC, Fig. 40, gegeben; man soll einen Punct p finden, von welchem aus die nach A, B und C gezogenen Linien Winkel bilden, welche so groß sind als BAH und BAG. Aufg. 202.

276. In das Dreieck ABC, Fig. 40, soll ein Quadrat gezeichnet werden, welches mit einer Seite in der Linie BC liegt, und dessen beide an der gegenüberstehenden Seite liegenden Winkelpuncte in die Seiten AB und AC des Dreiecks fallen.

277. In ein geg. Quadrat ein gleichseitiges Dreieck zu zeichnen, welches mit der einen Spitze in einem Winkelpuncte des Quadrats, mit den beiden andern in den Seiten desselben liegt.

278. In einen gegebenen Kreis ein Rechteck zu zeichnen, welches so groß ist, als ein gegebenes Quadrat.

Zur Auflösung der 263sten Aufgabe, wenn der Umfang und die Winkel eines Dreiecks gegeben sind.

Es sei ABC, F. 48, das gesuchte Dreieck, welches wir vorläufig bloß nach Gutdünken annehmen, um daraus die Verhältnisse abzuleiten, an welche die Auflösung geknüpft ist. — Da uns nur der Umfang des Dreiecks gegeben ist, so werden wir uns diesen zeichnen müssen. Dieses geschieht am bequemsten, wenn wir uns vorstellen, die beiden Schenkel AB, AC würden in die Verlängerung von BC herabgelegt, so daß DE der gegebene Umfang ist. — Ziehen wir dann die Hülfslinien AD, AE, so ist klar, daß die Dreiecke ABD, ACE gleichschenklig, und folglich der Winkel D halb so groß als ABC, der Winkel E halb so groß als ACB sein wird. (Größenl. 34, 6.).

Hierdurch ist nun das Dreieck DEA und die Lage des Punctes A, aber zugleich auch die Lage der Seiten AB, AC bestimmt. (Größenl. 33, 1). Die Betrachtung (Analyse) führt zu folgender Construction:

Es sei DE der gegebene Umfang. — Man lege an DE in den Puncten D und E zwei der gegebenen Winkel an, z. B. FDE = B, und GED = C, halbire diese Winkel, und verlängere die halbirenden Linien bis zu ihrem Zusammentreffen in A. Von A aus ziehe man AB gleichlaufend mit DF, AP gleichlaufend mit EG, so ist ABC das gesuchte Dreieck.

Anhang

der wichtigsten Erklärungen und Sätze aus der Körper-Größenlehre oder Stereometrie.

Zur Stereometrie rechnet man alle diejenigen Constructionen, welche nicht in einer und derselben Ebene ausgeführt werden können, (Vorüb. z. Verbdgl. II, 4), wie das mit allen bisherigen der Fall war. Auf dem Papier oder der Tafel kann daher die Zeichnung nicht so eingerichtet werden, daß die Linien und Winkel dieselbe gegenseitige Lage, und dieselbe Größe haben, welche sie eigentlich haben sollten. Man muß sich daher begnügen, die Gegenstände so abzubilden, wie sie dem Auge aus einem gewissen Standpuncte erscheinen, und es der Einbildungskraft überlassen, sich ihre wirkliche Lage zu denken. — Zur Versinnlichung können einige aus Holz verfertigte Körper, ein zusammengefalzter halber Bogen Kartenpappe, ein Stab, den man gegen den Tisch, die Schultafel, den Fußboden hält, dienen.

1.

1. Eine g. L. kann mit einer Ebene nicht mehr als Einen Punct gemein haben, wenn sie nicht ganz in derselben liegt.

2. Eine g. L. ist einer Ebene parallel, wenn sie keinen Punct mit ihr gemein hat. — Es versteht sich, daß beide unbegrenzt zu denken sind.

Im Zimmer Linien aufzusuchen, die mit dem Fußboden oder der vordern Wand parallel sind.

3. Eine g. L. ist auf einer Ebene senkrecht, wenn sie mit allen in der Ebene gezogenen Linien, mit denen sie in Berührung kommen kann, rechte Winkel bildet.

Im Zimmer Linien aufzusuchen, die auf den Wänden senkrecht sind. — Zu bestimmen, auf welche Hauptebene jede Linie nach einer Hauptrichtung senkrecht ist. Vorüb. z. Vbdgl. II, 2—6.

4. Wenn eine g. L. eine Ebene trifft, so heißt der kleinste Winkel, welchen sie mit einer in der Ebene gezogenen gn L. bilden kann, der Neigungswinkel der gn L. gegen die Ebene.

Wenn ich diesen Stab in schräger Lage mit dem einen Ende gegen den Fußboden halte, und ihn dann fallen lasse, welchen Winkel beschreibt er?

5. Die Lage einer Ebene ist durch 3 Puncte, die nicht in gerader Linie liegen, oder durch eine g. L. und einen Punct außerhalb derselben vollkommen bestimmt.

Beisp. Die geöffnete Thür, — dieß gefalzte Blatt — Buchdeckel ꝛc. Warum wird ein Tisch mit 2 schmalen Füßen unsicher stehen? — Wie müssen die 3 Füße eines Tisches liegen, wenn er sicher stehen soll? Warum wankt ein Tisch mit 4 Füßen so oft?

2.

1. Wenn 2 Ebenen nicht gleichlaufend sind, so durchschneiden sie sich in einer gn L., und haben weiter keinen Punct mit einander gemein. §. 1, 5.

2. Zwei Ebenen sind parallel, wenn sie sich nirgend durchschneiden.

3. Wenn 2 Ebenen sich durchschneiden, und man errichtet in jeder derselben aus dem nämlichen Puncte der Durchschnittslinie eine Senkrechte auf die letztere, so ist der Winkel, den beide Senkrechte mit einander bilden, der Neigungswinkel beider Ebenen.

Beisp. Die obern oder die untern Ränder dieses aufgeschlagenen Buchs. Eine g. L. senkrecht durch den Falz der ausgebreiteten Kartenpappe. — Vergleichung des Neigungswinkels mit einem ebenen Winkel. — Entstehen und Wachsen derselben. Größenlehre §. 5.

4. Eine Ebene ist auf einer andern senkrecht, wenn ihr Neigungswinkel ein Rechter ist.

3.

1. Wenn eine g. L. auf einer Ebene senkrecht ist, und man legt durch dieselbe eine Ebene, so ist sie auf der andern senkrecht. §. 1, 3. §. 2, 4.

2. Wenn 2 Ebenen auf einer dritten senkrecht sind, so ist auch ihre Durchschnittslinie auf derselben senkrecht.

Beisp. Der Falz dieser Kartenpappe, wenn ich sie halb geöffnet gegen den Tisch, die Schultafel, gegen eine schräge Fläche halte.

3. Eine g. L., welche auf einer von 2 oder mehr parallelen Ebenen senkrecht ist, ist auch auf der andern senkrecht.

Beisp. Ein Loth auf den Fußboden ist auch senkrecht auf die Decke. — Eine Senkrechte auf den obern Deckel dieses wagerecht oder schräg gehaltenen Buchs ist auch senkrecht auf den untern Deckel, so wie auf alle Blätter desselben.

4.

1. Zwei g. Ln im Raume sind gleichlaufend, wenn sie in derselben Ebene liegen, und sich nicht durchschneiden. Vbdgl. §. 1.

Sind Linien, die in parallelen Ebenen liegen, darum gleichlaufend? — Beispiele. — Warum durfte die erste Bedingung in der ebenen Verbindungslehre und Größenlehre nicht erwähnt werden?

2. Wenn 2 parllaele Ebenen von einer dritten durchschnitten werden, so sind die Durchschnitte gleichlaufend.

Beisp. — Beweis aus 1.

5.

1. Die Flächen, welche einen Körper begrenzen, heißen seine Seitenflächen, welches Wort aber auch oft nur von gewissen Flächen gebraucht wird. — Die Linien, in welchen die Seitenflächen zusammenstoßen, heißen Kanten, und die Puncte, in welchen 3 oder mehre Kanten zusammentreffen heißen Ecken. Die Gesammtheit der Seitenflächen heißt die Oberfläche des Körpers.

Uebung an Modellen, am Zimmer, an der Schultafel. — Zählen der Flächen, Kanten und Ecken.

2. Wenn durch einen Körper eine Fläche gelegt wird, so heißt das Stück der Fläche, welches beide gemein haben,

der Schnitt. Ist die Fläche eine ebene, so ist die Figur des Schnitts auch eine ebene, und heißt ein ebener Schnitt.

6.

1. Eine Figur bewegt sich einfach fort, wenn sie überall ihrer anfänglichen Lage parallel bleibt, (§. 2, 2.) und jeder Punct eine g. L. beschreibt.

2. Wenn sich eine ebene Figur in der Ebene fortbewegt, in welcher sie liegt, so ist der Raum, den sie durchläuft, wieder eine ebene Fläche; in jedem andern Falle ist es ein Körper.

Beisp. Wenn ich dieses wagerechte Blatt auf dem Tische fortschiebe, — wenn ich es, indem es immer wagrecht bleibt, erhebe, und es nach Einer Richtung fortführe, ohne es zu drehen.

3. Bewegt sich eine Figur nach irgend einer Richtung, die nicht in ihrer Ebene liegt, einfach fort, so ist der durchlaufene Raum eine Säule; ist die Figur eine geradlinige, so heißt er ein Prisma (Ecksäule).

4. Bei gleicher Fortschreitung wird dieser Raum größer werden, wenn der Winkel größer wird, den die Richtung, nach welcher die Figur fortschreitet, mit ihrer eigenen Ebene bildet. (§. 1, 4). Er wird am größten sein, wenn dieser Winkel ein Rechter ist. Fig. 49, 50.

Man kann sich vorstellen, die ganze Ebene, in welcher die Figur liegt, erhebe sich senkrecht (der Fußboden des Zimmers gegen die Decke). — Wenn hierbei die Figur sich in ihrer Ebene fortschiebt, so erzeugt sie dadurch keinen körperlichen Raum nach 2). Es kommt also bloß auf die Höhe an, zu welcher sie sich erhebt.

Wenn sich eine wagrechte Figur rechts aufwärts bewegt, so kann man darauf sehen, wie weit sie sich rechts und wie weit sie sich aufwärts bewegt u. s. w. wie §. 57.

7.

1. Die Figur, welche durch ihre einfache Fortbewegung das Prisma erzeugt, bildet in ihrer anfänglichen und endlichen Lage die Grundflächen des Prisma. Die übrigen Seitenflächen, welche man immer allein versteht, wenn von den Seitenflächen des Prisma schlechthin die Rede ist, sind Parallelogramme. §. 4, 2. Größenl. 43, 2.

2. Man benennt ein Prisma nach der Zahl der Seiten der Grundfläche. Ist die Grundfläche ein Dreieck, so heißt das Prisma ein dreiseitiges, ist sie ein Viereck, ein vierseitiges u. s. w.

8.

1. Ein Prisma, dessen Grundflächen auch Parallelogramme sind, heißt ein Spath. (Parallelepipedum). Es hat das Eigenthümliche, daß man jede 2 gegenüberstehende Flächen als Grundflächen ansehen kann. Fig. 51.

2. Sind Grundflächen und Seitenflächen eines Spath Rechtecke, so heißt es ein rechtwinkliges Spath (Werkstück). Sind dagegen seine Begrenzungsflächen Rauten, (Rhomben) so heißt es ein Rautenspath (Rhomboëder).

3. Ein Spath, dessen Begrenzungsflächen Quadrate sind, heißt ein Würfel oder Cubus.

9.

1. Ist die Figur, durch deren einfache Fortbewegung die Säule entstand, ein Kreis, so heißt dieselbe ein Cylinder oder eine Walze. Fig. 52.

2. Beim Cylinder gehen alle Seitenflächen (§. 7, 1.) in eine einzige gekrümmte Oberfläche über, in welcher man zwischen den Endpuncten paralleler Durchmesser g. Ln ziehen kann.

3. Die g. L. zwischen den Mittelpuncten der Grundfläche eines Cylinders heißt seine Axe.

10.

1. Ein Prisma heißt ein gerades, wenn seine Seitenflächen auf der Grundseite senkrecht sind, (§. 2, 4. Fig. 50) im Gegentheil ein schiefes Fig. 49.

2. Ein Cylinder ist ein gerader, wenn seine Axe auf der Ebene der Grundfläche senkrecht steht, (Fig. 52.) im Gegentheil ein schiefer.

3. Ein gerader Cylinder kann auch durch die Umschwenkung eines Rechtecks um eine seiner Seiten erzeugt werden.

4. Unter der **Höhe** eines Prisma oder eines Cylinders versteht man die Länge eines Lothes, welches aus irgend einem Puncte der obern Grundfläche auf die Ebene der untern herabgelassen ist, oder, was dasselbe ist, den Abstand der Ebenen beider Grundflächen.

11.

Körper von gleicher Grundfläche und Höhe sind einander gleich, wenn ihre den Grundflächen parallelen Durchschnitte, in gleicher Höhe genommen, überall einander gleich sind.

Erläuterung. Man denke sich die Körper mit ihren Grundflächen auf einer wagerechten Ebene stehend, durch einfache Fortbewegung ihrer Grundflächen construirt, wobei diese entweder gleich bleiben oder nach irgend einem Gesetz übereinstimmig zunehmen oder abnehmen können — Die Größe des erzeugten Körpers hängt dann ab, einerseits von der senkrechten Fortschreitung, (§. 6, 4. Anm.) andrerseits von der Größe der raumerzeugenden Figur in jedem Momente ihres Fortschreitens. Ist beides überall gleich, so muß gleich viel Raum erzeugt werden, d. h. auch die Körper müssen einander gleich sein. (Vgl. Größenl. §. 57, 2.)

12.

Jeder mit der Grundfläche parallele Schnitt durch ein Prisma oder einen Cylinder ist der Grundfläche gleich, denn es ist ja die erzeugende Grundfläche selbst in irgend einer der Lagen genommen, in welche sie die Construction geführt hat.

2. **Prismen, und eben so Cylinder, von gleicher Grundfläche und gleicher Höhe sind einander gleich** §. 11. Fig. 50 bis 52.

Es kommt also nicht darauf an, ob der Körper ein drei-, vier- oder mehrseitiges Prisma, oder ein Cylinder, eben so wenig, ob er gerade oder schief ist, sondern seine Größe hängt allein von seiner Grundfläche und Höhe ab.

13.

1. Aus der Art, wie ein säulenförmiger Körper aus seiner Grundfläche und Höhe erzeugt wurde, folgt unmittelbar: Prismen, und eben so Cylinder, von gleicher Grundfläche verhalten sich wie ihre Höhen.

2. Man kann einen säulenförmigen Körper auch ansehn als eine Figur, der man die dritte Dimension hinzugefügt hat, oder als eine Schicht von überall gleicher Dicke. Er muß daher in gleichem Verhältniß mit seiner Grundfläche wachsen und abnehmen. Prismen und Cylinder von gleicher Höhe verhalten sich daher wie ihre Grundflächen.

Beide Sätze lassen sich aus §. 12, 2. herleiten. wenn man einerseits die Höhen, andrerseits die Grundflächen der zu vergleichenden Körper in gleich große Theile theilt, und die entsprechenden Schnitte hindurchlegt.

3. Säulenförmige Körper sind im zusammengesetzten Verhältniß ihrer Grundflächen und Höhen, oder sie verhalten sich wie die Grundflächen, multiplicirt mit den Höhen.

Wenn 2 Säulen weder gleiche Grundfläche noch gleiche Höhe haben, so kann man eine dritte annehmen, die mit der Einen gleiche Grundfläche, mit der Andern gleiche Höhe hat, woraus der Satz wie §. 54, 1. für Rechtecke folgt.

14.

1. Ein körperlicher Raum kann nur mit einem andern gemessen werden. Zum Maaße der Körper bedient man sich derjenigen Würfel, (Cuben) deren Seite eins der gebräuchlichen Längenmaaße ist. (Cubikfuß, Cubikzoll 2c.)

2. Um ein rechtwinkliges Spath (Werkstück §. 8, 2) auszumessen, untersucht man, wieviel solcher Würfel, sich in seinen Raum hineinlegen lassen, um ihn ganz auszufüllen, und nennt dieß seinen cubischen Inhalt oder Cubikinhalt.

Zur Versinnlichung bediene man sich des Zimmers, einer Schublade, oder eines Kästchens. — Wenn das Werkstück (Fig. 53.) 5 Fuß lang ist, so werden sich in seinen Raum von A bis B 5 Cubikfuß in eine Reihe legen lassen. Ist es nun 4 Fuß breit, so werden auf seinem Boden von B bis C 4 solcher Reihen Platz finden, welche eine Schicht von 4.5 Cubikfuß bilden, die nur 1 Fuß hoch ist. Ist das Werkstück nun 3 Fuß hoch, so wird sein Raum von 3 solchen Schichten ausgefüllt werden. Der Cubikinhalt des Werkstücks ist demnach $3.4.5 = 60$ Cubikfuß. — Es läßt sich dieß leicht verallgemeinern.

Das rechtwinklige Spath ist das Product dreier geometrischer Factoren, (§. 54, 3. Anm. 2.) deren 2 durch die Grundfläche, der dritte durch die Höhe bestimmt ist.

3. Man findet den Cubikinhalt eines rechtwinkligen

Spath, wenn man den Quadratinhalt seiner Grundfläche mit seiner Höhe multiplicirt. §. 13, 3.

4. Würfel verhalten sich wie die Quadratzahlen ihrer Seiten mit den Höhen multiplicirt, d. h. wie die Cubikzahlen derselben. — Wenn 1 Fuß also 12 Zoll enthält, so enthält 1 Cubikfuß. 12.12.12 = 1728 Cubikzoll.

15.

Da jeder andere säulenförmige Körper einem Werkstück von gleicher Grundfläche und Höhe gleich ist, (§. 12, 2) so folgt, daß man den Cubikinhalt jedes Prisma oder Cylinder findet, wenn man seine Grundfläche mit seiner Höhe multiplicirt.

Aufgaben.

1. Ein Klafter Holz ist 6′ (Fuß) lang, 6′ hoch, bei 3′ Klobenlänge. — Ein Haufen Holz ist 18′ lang, 9′ hoch bei gleicher Klobenlänge; wieviel Cubikfuß enthält jeder, und wie verhalten sie sich?

2. Ein unten zugespitzter 400′ langer Graben ist oben 6′ weit und 3′ tief; wieviel Cubikfuß Erde enthält er? — Anm. Der Graben ist als ein liegendes dreiseitiges Prisma anzusehen. — Man pflegt bei Erd- und Mauerarbeiten den Inhalt nach Schachtruthen zu 144 Cubikfuß zu bestimmen.

3. Ein 180′ langer Damm ist unten 24′, oben 12′ breit, und 4 Fuß hoch, ein andrer ist 800′ lang, unten 40, oben 18′ breit und 12′ hoch; wieviel Schachtruthen enthält jeder?

4. Die Durchschnittfläche eines Walles ist auf ähnliche Weise, wie die obere Hälfte der Fig. 27. gegeben. Man soll aus dieser und aus der Länge des Walles seinen Cubikinhalt berechnen.

5. Wenn von einem Durchstich für eine Eisenbahn der Querschnitt, (ähnlich der untern Hälfte der Fig. 27.) und die Länge gegeben ist, zu finden, wieviel Schachtruthen Erde bewegt werden müssen um ihu zu Stande zu bringen.

6. Ein runder Senkbrunnen hat einen Halbmesser von 5′ und ist 60′ tief, wieviel Cubikfuß enthält er?
Ist der Halbe r′, die Tiefe h′, so ist der Inhalt $\pi r^2 . h$. Cubikfuß. Größenl. 81. Anm.

7. Ein cylindrisches eisernes Rohr hat außen 6″ (Zoll) im Durchmesser, 1″ Metallstärke, ist 175 Fuß lang und inwendig mit Wasser gefüllt. — Wieviel Cubikfuß Eisen, und wieviel Cubik-

fuß Wasser enthält es, und wie schwer ist die Wassersäule, wenn 1 Cubf. Wasser 66 Pfund wiegt? — Aehnliche Aufgaben über den Inhalt eines Cylinderglases, einer Ackerwalze, eines Drahts ꝛc. Größenl. §. 83.

8. Ein Berliner Scheffel enthält 3072 Cubikzoll. und ist 22 Zoll im Lichten weit; wie hoch muß er sein?

16.

1. Wenn ein in einer wagrechten Ebene liegender Punct sich zu einer Figur entwickelt, während die Ebene so fortrückt, daß jeder Winkelpunct der Figur eine g. L. beschreibt (wobei die Figur immer sich selbst ähnlich bleibt) so ist der von der Figur durchlaufene Raum eine Pyramide Fig. 54. und 55 (Vergleiche den 2ten Theil der größern Raumlehre §. 46.)

2. Die Figur kann eine drei-, vier- und mehrseitige sein. Sie heißt die Grundfläche, sofern die Construction irgendwo aufhört. Die übrigen Flächen heißen Seitenflächen und sind Dreiecke. Der Ausgangspunct der Construction, in welchem alle Seitenflächen zusammentreffen, heißt die Spitze; das Loth aus der Spitze auf die Ebene der Grundfläche heißt die Höhe der Pyramide. Nach der Zahl der Seitenflächen ist die Pyramide eine drei-, vier- oder mehrseitige.

3. Da das wagrechte Fortrücken der Figur, da es in ihrer eignen Ebene geschieht, keinen körperlichen Raum erzeugt, so ist klar, daß der Cubikinhalt der Pyramide nur von der Grundfläche, und von dem senkrechten Fortrücken der Figur, d. h. von der Höhe der Pyramide, abhängt. — Pyramiden von derselben Grundfläche und von gleicher Höhe sind daher gleich.

4. **Pyramiden von gleicher Grundfläche und Höhe sind gleich.**

Die Grundfläche der einen Pyramide kann ein Dreieck, die der andern eine andere Figur von gleichem Flächenraum sein. — Ist die eine Seitenkante jeder Pyramide auf der Grundfläche senkrecht, wie in Fig. 54 und 55, so folgt die Gleichheit der wagrechten Durchschnitte in gleichem Abstande von der Spitze, also auch in gleicher Höhe, aus 4,2 und Größenl. 62,4, wenn man beachtet, daß die Seiten der Durchschnitte sich wie die Abstände von der Spitze verhalten.

5. Wenn zwei oder mehr Pyramiden gleiche Höhe haben, so sind sie Einer Pyramide von derselben Höhe gleich, deren Grundfläche so groß ist, als die Grundflächen jener zusammengenommen.

Man kann sich vorstellen, die Grundfläche der großen Pyramide wäre durch g. Ln in Theile getheilt, die den Grundflächen der kleinen Pyramiden der Reihe nach gleich wären. — Wie folgt dann der Satz, wenn man durch die Theilungslinien und durch die Spitze Ebenen legt?

17.

Ein dreiseitiges Prisma, wie **ABCDEF**, Fig. 57. läßt sich in 3 Pyramiden zerschneiden. Man setze einen ebenen Schnitt in die eine Kante **BC** der Grundfläche ein, und führe ihn bis in die dieser Kante gegenüberstehende Ecke **D.** Es wird dadurch die erste dreiseitige Pyramide **ABCD** abgehoben, welche die eine Grundfläche **ABC** des Prisma auch als Grundfläche behält, und da **D** in der andern Grundfläche des Prisma liegt, auch die nämliche Höhe hat. — Das von dem Prisma noch übrig bleibende Stück **BCDEF** Fig. 58. hat nun eine keilförmige Gestalt. Man setze nun einen zweiten ebenen Schnitt in eine von den Kanten der andern Grundfläche ein, welche den noch vorhandenen Ecken **B** und **C** der ersten Grundfläche gegenüberstehen (also wie hier in **DE**, oder in **DF**, nicht in **EF**) und führe ihn bis zu dieser in **C**, so wird dadurch eine zweite Pyramide **CDEF** abgehoben, welche gleichfalls mit dem Prisma gleiche Grundfläche und Höhe hat, und es bleibt der Doppelkeil **BCDE** Fig. 59. übrig, welcher auch eine dreiseitige Pyramide ist, bei welcher man **BCE** als Grundfläche und **D** als die Spitze ansehen kann. Legen wir nun die 2te und 3te Pyramide wieder so an einander, wie sie vor ihrer Trennung in Fig. 58. lagen, so können wir die zweite Pyramide als eine solche ansehen, deren Grundfläche **CEF** und Spitze **E** ist. Diese beide haben nun gleiche Grundfläche (§. 7, 1. und Größenl. §. 60, 1.) und auf gleiche Höhe, da ihre Spitzen in den nämlichen Punct **D** fallen, die Höhe also für beide dasselbe Loth aus **D** auf die Grundfläche ist. Sie sind also nach 16,4 gleich. Da das Nämliche auch für die erste und dritte Pyramide gilt, wenn man diese zusammenlegt, so sind auch diese, mithin alle 3 gleich. Die Pyramide ABCD, welche mit dem Prisma gleiche Grundfläche und Höhe hat, ist also der dritte Theil desselben.

18.

1. **Eine jede Pyramide ist so groß als der dritte Theil eines Prisma von gleicher Grundfläche und Höhe.**

Wenn die Pyramide eine mehrseitige ist, so ist sie doch einer dreiseitigen von gleicher Grundfläche und Höhe gleich, und diese ist der dritte Theil eines dreiseitigen Prisma, welches mit ihr, also auch mit der ersten gleiche Grundfläche und Höhe hat.

Da sich die Drittel verhalten wie die Ganzen (Vorüb. z. Größenl. §. 16.) so hat man aus §. 13.

2. Pyramiden von gleicher Grundfläche verhalten sich wie ihre Höhen.

3. Pyramiden von gleicher Höhe verhalten sich wie ihrr Grundflächen.

4. Pyramiden sind im zusammengesetzten Verhältnisse ihrer Grundflächen und Höhen, oder sie verhalten sich wie die Grundflächen multiplicirt mit den Höhen.

19.

Man findet den Cubikinhalt einer Pyramide, wenn man die Grundfläche mit der Höhe multiplicirt und von dem Produkte ein Drittel nimmt.

Es versteht sich, daß dasselbe Längenmaaß, welches zur Bestimmung des Quadratinhalts der Grundfläche gedient hat, auch zur Bestimmung der Höhe gebraucht werden muß.

Aufg. 1. Die Grundfläche einer Pyramide beträgt 1 Quadratfuß, ihre Höhe 18 Zoll; wieviel Cubikzoll enthält sie?

Aufg. 2. Die Grundfläche einer Pyramide ist ein Quadrat, dessen Seite 30′ lang ist. Ihre Höhe beträgt 250′; wieviel Cubikfuß enthält sie?

Aufg. 3. Die Grundfläche einer Pyramide ist ein Dreieck, dessen Grundseite 3″, Höhe $2\frac{1}{2}$″. Die Höhe der Pyramide ist 8″; wie groß ist sie?

Ist G die Grundfläche, h die Höhe, so ist das Prisma Gh, die Pyramide $\frac{1}{3}$Gh.

20.

1. Eine Pyramide, deren Grundfläche ein Kreis ist, heißt ein Kegel.

2. Beim Kegel gehen alle Seitenflächen in eine einzige gekrümmte Oberfläche über, in welcher man von der Spitze nach jedem Puncte in der Peripherie der Grundfläche g. Ln. ziehen kann.

3. Die g. L. von der Spitze nach dem Mittelpuncte der Grundfläche heißt die Axe des Kegels.

4. Ist die Axe auf der Grundfläche senkrecht, so heißt der Kegel ein gerader, im Gegentheil ein schiefer.

5. Ein gerader Kegel wird construirt, wenn sich ein rechtwinkliges Dreieck um eine seiner Katheten schwenkt.

6. Die Höhe eines Kegels ist, wie bei der Pyramide, die Entfernung der Spitze von der Ebene der Grundfläche.

21.

Da die Kegel zu den pyramidalen Körpern gehören, so gelten alle Sätze §. 16, 4 und §. 19. auch von diesen. Der Kegel weis't zunächst auf den Cylinder hin; man vergleicht ihn daher am besten mit diesem, und drückt den Satz §. 18, 1 so aus: **Ein Kegel ist der dritte Theil eines Cylinders von gleicher Grundfläche und Höhe.**

Zu einem Kegel ist gegeben:
Halbm. d. Grundfl. 3″, Höhe 7″,
" " " 5′ " 12′,
" " " 36′ " 100′; wie groß ist sein Inhalt?

Ist der Halbm. der Grundfl. r, die Höhe h, so ist der Cubikinhalt des Kegels $\frac{1}{3}\pi r^2 h$.

Ein Dreieck, dessen Grundseite 12″ und Höhe 8″, schwingt sich um seine Grundseite; wie groß ist der entstehende Rotationskörper? Aehnliche Aufgaben über ein Quadrat und regelmäßiges Sechseck, welche sich um ihren größten Durchmesser schwingen.

Wenn man sich die gekrümmte Oberfläche eines geraden Cylinders oder Kegels in einer gn. L. aufgetrennt und abgewickelt denkt (§. 9, 2. und §. 20, 2.), so bildet die erste ein Rechteck, die andere einen Kreis-Ausschnitt, deren Quadratinhalt für obige Aufgaben zu berechnen ist.

§. 22.

1. Wenn von einer Pyramide, oder einem Kegel die Spitze durch einen der Grundfläche parallelen Schnitt abgehoben ist, so heißen sie **abgestumpft**, der übrig bleibende Körper der **Stumpf**.

2. Da die abgehobene Spitze für sich wieder eine vollständige Pyramide (oder Kegel) ist, so findet man den Inhalt des Stumpfes, wenn man den Cubikinhalt der ganzen Pyramide berechnet und von diesem den Inhalt der abgeschnittenen Spitze abzieht. Zu dieser Rechnung bedarf man außer den beiden Grundflächen auch die Höhen beider Pyramiden. §. 19.

3. Ist die Spitze nicht mehr vorhanden, und hat man bloß den Stumpf vor sich, so kennt man zwar die Grundflächen, aber nicht die Höhen beider Pyramiden. Nur die Höhe des Stumpfes, d. h. der Abstand der Durchschnittsfläche von der Grundfläche, hat man vor sich. Aus dem Gegebenen lassen sich aber die Grundflächen finden.

4. Es sei in Fig. 55. die Pyramide, deren Grundfläche ein Quadrat, und deren Kante BE auf der Grundfläche senkrecht ist, bei DEH abgestumpft. Zieht man DF parallel BE, so ist das Dreieck AFD dem Dreieck ABP und auch dem DEP ähnlich (Größenl. §. 47, 1.) Man kann also die Höhen BP und EP finden, die Pyramiden berechnen und von dem Inhalte der ganzen Pyramide den der abgeschnittenen abziehn, wodurch man den Inhalt des Stumpfes erhält.

Ist die Seite $AB = a$, $DE = b$, $DE = c$, so ist $AF = a - b$, mithin

da $AF : FD = AB : BP$
oder $a - b : c = a : BP$ } $BP = c\,\frac{a}{a-b}$ nach der Regel Detri.

da $AF : FD = DE : EP$
oder $a - b : c = b : EP$ } $EP = c\,\frac{b}{a-b}$.

Die ganze Pyramide war nun $\frac{1}{3}a^2 . BP$ oder $\frac{1}{3}a^2\; c\,\frac{a}{a-b}$

die abgeschnittene Pyramide $\frac{1}{3}b^2 . EP$ oder $\frac{1}{3}b^2 . c\,\frac{b}{a-b}$.

Dieser Ausdruck läßt sich abkürzen, wenn man den Factor $\frac{1}{3}c$ beim Subtrahiren herausnimmt, und die Brüche, welche nun gleichen

Nenner haben, zusammenzieht. Man findet so den Stumpf, welcher A heißen mag, durch den Ausdruck: $A = \frac{1}{3} c \frac{a^3 - b^3}{a - b}$.

Dividirt man, so wird . . . . . $A = \frac{1}{3} c (a^2 + ab + b^2)$.

5. Jede andere abgestumpfte Pyramide ist nun einer quadratischen von gleicher Grundfläche und Höhe gleich. Man erhält daher ihren Cubikinhalt, wenn man die Grundflächen in Quadrate verwandelt und dann nach 4 verfährt.

23.

Der Cubikinhalt eines abgestumpften Kegels muß auf entsprechende Weise gefunden werden, wenn man die Halbmesser seiner Grundflächen und seine Höhe kennt. — Ist der Kegel ein gerader, DE seine obere Grundfläche, DF mit der Axe CP parallel, so ist das Dreieck ADF dem ACP und auch DMP ähnlich. Man kann daher die Höhen CP und MP finden, beide Kegel ABP und DEP berechnen, und, indem man den Inhalt des letztern von dem des erstern abzieht, den Inhalt des abgestumpften Kegels finden.

Ist R der Halbmesser der untern, r der obern Grundfläche, c der Abstand beider, so hat man, da AF = R — r, wie in 22, 4.

$$R - r : c = R : CP; \quad \text{daher} \quad CP = c \frac{R}{R - r},$$

$$R - r : c = r : MP \quad \text{daher} \quad MP = c \cdot \frac{r}{R - r}.$$

Hieraus erhält man den Inhalt

des ganzen Kegels $= \frac{1}{3} \pi R^2 c \frac{R}{R - r}$

des abgeschnitt. Keg. $= \frac{1}{3} \pi r^2 . c \frac{r}{R - r}$,

des abgestumpften K. $= \frac{1}{3} \pi c R^2 \frac{R}{R - r} - \frac{1}{3} \pi c r^2 . \frac{r}{R - r}$,

oder abgekürzt $= \frac{1}{3} \pi c \frac{R^3 - r^3}{R - r}$, welcher Ausdruck sich wieder unter die Form $\frac{1}{3} \pi c (R^2 + Rr + r^2)$ stellen läßt.

Ist der abgestumpfte Kegel kein gerader, so ist er doch einem geraden gleich, der mit ihm gleiche Grundflächen und gleiche Höhe hat.

Aufgaben.

Den Cubikinhalt eines Baumstammes zu finden, dessen Dicke

unten 2′	oben 1′	und	Länge 40′	beträgt
„ 3′	„ 2′	„	„ 20′	„
„ $2\frac{1}{2}$′	„ 11″	„	„ 60′	„

Ein regelmäßiges Sechseck, dessen Seite 4″ beträgt, schwingt sich um einen Durchmesser, welcher 2 gegenüberstehende Seiten halbirt. — Wieviel Cubikzoll enthält der entstehende Rotationskörper? Größenl. §. 40, 2. und §. 65. Aufg. 2. — Aehnliche Aufgaben über ein regelm. Achteck und andere regelm. Figuren.

24.

1. Wenn sich ein Halbkreis ACBD Fig. 60. um seinen Durchmesser AB schwingt, bis er wieder in seine vorige Lage gekommen ist, so ist der Raum, welchen er bei seiner Umschwingung durchlaufen hat, eine Kugel.

2. Der Mittelpunct C des Halbkreises wird Mittelpunct der Kugel. Eben so werden seine Halbmesser und Durchmesser Halbmesser und Durchmesser der Kugel und sind gleich. Größenl. §. 67.

3. Durch den Halbmesser oder Durchmesser ist eine Kugel vollkommen bestimmt.

4. Denkt man sich auf den Durchmesser des erzeugenden Halbkreises mehre Perpendikel gefällt, so bilden diese bei der Umschwenkung Kreise, welche auf dem festen Durchmesser senkrecht, mithin einander parallel sind (§. 1, 3.), von ihm in ihrem Mittelpuncte getroffen werden, und sich um so mehr verkleinern, je weiter sie vom Mittelpuncte entfernt liegen.

5. Ein Kreis, der durch den Mittelpunct der Kugel geht, dessen Halbmesser also Halbmesser der Kugel ist, heißt ein größter Kreis. Ein solcher theilt die Kugel allemal in 2 gleiche Hälften, welche Halbkugeln heißen.

6. Hat eine Kugel einen Durchmesser, um welchen sie sich wirklich oder scheinbar dreht, (das Erstere ist der Fall bei der Erde, welche nahe eine Kugel ist, das letztere bei dem Himmelsgewölbe), so heißt diese die Axe, ihre Endpuncte Pole. Sieht man in Fig. 60. und 61 AB als die Axe an, so heißt von den darauf senkrechten Kreisen der größte DE der Aequator, die übrigen Parallelkreise. Der erzeugende Kreis selbst in den verschiedenen Lagen, in welche ihn die obige Construction geführt hat, bildet auf der Kugel Halbkreise zwischen den beiden Polen, die auf dem Aequator senkrecht sind, und Mittagskreise oder Meridiane heißen. Ein solches Netz von Kreisen dient unter andern zur Bestimmung der Lage eines Punctes auf der Kugel.

25.

Die Halbkugel AECD Fig. 62. sei durch Umschwingung des Quadranten ACD um seine feste Axe AC entstanden. In dem Quadrate KLNU Fig. 63 sei KL oder KU dem Halbmesser, AC der Halbkugel gleich. Man ziehe seine Diagonale KN, und lasse das Quadrat sich um seine feste Axe KL herumschwingen. Es läßt sich nun beweisen, daß das Dreieck KUN bei dieser Umschwenkung eben so viel Raum construirt als der Quadrant.

Das Quadrat KLNU construirt bei seiner Umschwenkung einen Cylinder, das Dreieck KLN einen Kegel. Nimmt man den letztern hinweg, so bleibt der von dem Dreieck KUN construirte Körper übrig, den wir einen ausgebohrten Cylinder nennen wollen. Beide haben mit dem vollen Cylinder so wie mit der Halbkugel gleiche Grundfläche und Höhe. Es kommt nun darauf an zu erweisen, daß die der Grundfläche parallelen Durchschnitte durch den ausgebohrten Cylinder und durch die Halbkugel in gleicher Höhe genommen überall einander gleich sind, woraus nach §. 11. die Gleichheit beider zuletzt genannten Körper folgen wird.

Man nehme in Fig. 62 und 63 $KS = CG$, lege durch S und G mit den Grundflächen parallele Ebenen. Diese Schnitte müssen dieselben sein, welche bei der Umschwenkung von den auf der Axe Senkrechten SP und GI construirt sind, mithin Kreise. Der Kreis durch G hat den Halbmesser GI, sein Flächeninhalt ist daher πGI^2 (§. 81.) Nennt man nun den Halbmesser r, die Höhe $CG = h$, so läßt sich im rechtwinkligen Dreieck CGI die Kathete GI durch r und h ausdrücken. (§. 65. Aufg. 2.) Es ist nämlich $GI^2 = r^2 - h^2$, welches man in der obigen Formel dafür setzen kann. Man findet daher die Fläche des Kreises GI

$$\pi.(r^2 - h^2).$$

Der Durchschnitt OP durch den Cylinder ist auch ein Kreis, sein Halbmesser dem der Kugel gleich, also $= r$, und seine Fläche πr^2. — Dieser Kreis ist ein Durchschnitt durch den vollen Cylinder; wir suchen aber nur den Durchschnitt des ausgebohrten, und diesem fehlt der von dem Halbmesser SR construirte Kreis als Durchschnitt des herausgehobenen Kegels. Die Oberfläche dieses Kreises ist also $\pi.SR^2$. Nun ist das Dreieck KLN gleichschenklig rechtwinklig, folglich auch das ihm ähnliche KSR und es ist daher $KS = SR = h$. — Statt $\pi.SR^2$ kann man also setzen $\pi.h^2$. Hierdurch findet sich der Durchschnitt durch den ausgebohrten Cylinder, welcher ein Ring ist, $= \pi r^2 - \pi h^2$, oder, wenn man den Factor π herausnimmt

$$\pi.(r^2 - h^2).$$

Eben so groß war nun der Durchschnitt durch die Halbkugel. Da sich dasselbe nun für jede 2 in gleicher Höhe genommene Durchschnitte erweisen läßt, so muß nach §. 11. die Halbkugel dem ausgebohrten Cylinder an Raumesinhalt gleich sein.

26.

1. Der aus dem Cylinder herausgehobene Kegel beträgt $\frac{1}{3}$ des Cylinders. §. 21. Der ausgebohrte Cylinder enthält den Ueberrest, mithin $\frac{2}{3}$ des Ganzen, und ist der Halbkugel an Raumesinhalt gleich.

2. Eine Halbkugel ist $\frac{2}{3}$ eines Cylinders von gleicher Grundfläche und Höhe.

Ist r der Halbmesser, so ist der Inhalt des Cylinders $\pi r^2 . r = \pi r^3$ (§. 15.) da hier die Höhe dem Halbmesser der Grundfläche gleich ist. Der Cubikinhalt der Halbkugel ist daher $\frac{2}{3}\pi r^3$.

3. Eine Kugel ist $\frac{2}{3}$ eines Cylinders, dessen Grundfläche dem größten Kreise und dessen Höhe dem Durchmesser der Kugel gleich ist.

Bezeichnet man mit G den Cubikinhalt einer Kugel, deren Halbmesser r ist, so ist:

$$G = \frac{4}{3}\pi r^3.$$

Aufg. Eine Kugel hat einen Halbm. von 2″, 10″, 3′ ꝛc., oder einen Durchmesser von 12″, 53″ ꝛc. wie groß ist sie in jedem dieser Fälle?

Der Aequator der Erde hat einen Umfang von 5400 geographischen Meilen; wie groß ist ihr Halbmesser (§. 80.) und ihr Inhalt in Cubikmeilen?

27.

1. Man kann sich vorstellen, die Kugel bestände aus einer unzählbaren Menge kleiner Pyramiden, die alle mit ihrer Spitze im Mittelpuncte, mit ihrer Grundfläche in der Oberfläche lägen. Es müssen darum unzählbar viele sein, damit man ohne Fehler die Grundfläche als eine ebene Fläche ansehen könne.

Der Inhalt dieser sämmtlichen Pyramiden ist der Inhalt der Kugel selbst. Sie haben auch alle gleiche Höhe, denn ihre Höhe ist der Halbmesser, sind daher einer einzigen Pyramide von derselben Höhe gleich, deren Grundfläche die Oberfläche der Kugel ist. §. 16, 5.

3. Kennte man die Oberfläche, so würde man den Inhalt der Kugel finden können, wenn man sie mit dem Halbmesser multiplicirte, und von dem Producte den dritten Theil nähme. §. 19.

4. Da man aber den Inhalt der Kugel schon anderweitig kennt, so kann man daraus die Oberfläche finden, indem man sich die Aufgabe stellt, aus dem Cubikinhalte

der Pyramide und ihrer Höhe die Grundfläche derselben zu finden.

Nennt man die Oberfläche der Kugel O, den Halbmesser r, so ist:

$\frac{1}{3}O.r = \frac{4}{3}\pi.r^3$ Multiplicirt man mit 3, so wird:

$O.r = 4\pi r^3$ Dividirt man mit r, so wird

$O = 4\pi r^2$.

das heißt die Oberfläche der Kugel ist so groß als 4 größte Kreise derselben.

Wie groß ist in den Aufgaben §. 26. die Oberfläche einer jeden Kugel, und die Oberfläche der Erde in geographischen Quadratmeilen?

28.

1. Die gekrümmte Oberfläche des Cylinders Fig. 63., der mit der Halbkugel gleiche Grundfläche und Höhe hat, ist $2\pi r.r = 2\pi r^2$ (§. 21.) und also eben so groß als die krumme Oberfläche der Halbkugel. Legt man durch beide in gleichen Abständen von der Grundfläche parallele Schnitte, wodurch Schichten von gleicher Höhe abgehoben werden, so läßt sich zeigen, daß die krummen Oberflächen dieser Schichten überall gleich groß sind, indem bei der Halbkugel durch die schräge Lage und daraus hervorgehende größere Breite genau gewonnen wird, was an Umfang verloren geht.

2. Die Oberfläche einer solchen Kugelschicht nennt man eine Kugelzone. Heißt h die Dicke dieser Schicht, so ist ihre Oberfläche $\pi r^2.h$.

Aufg. Der Abstand des Wendekreises der Erde vom Aequator, auf der Erdaxe gemessen, beträgt 342 geogr. Meilen, der Abstand des Wendekreises vom Polarkreise 446, und der Abstand des Polarkreises vom nächsten Pole 71 Meilen; wie groß ist die Oberfläche jeder dieser Zonen in geogr. Quadratmeilen?

Nachricht für die Buchbinder.

Die Kupfertafeln werden zum Hinausschlagen gebunden, und jede nur einmal genau in der Mitte rückwärts gebrochen. Sie müssen an das leere Blatt so angehangen werden, daß, wenn man eine Figur auf der linken Hälfte der Tafel gebraucht, kein Theil derselben durch die Blätter des Buchs verdeckt ist; die rechte Hälfte wird dann beim Gebrauch untergeschlagen — Damit man die rechte Hälfte der Tafel eben so bequem gebrauchen könne, muß das leere Blatt in der Mitte rückwärts gefalzt werden, so daß die linke Hälfte der Tafel mit eingeschlagen werden kann, und nur die rechte Hälfte vorsteht. Von diesem Falze wird beim Einlegen der Tafel aber kein Gebrauch gemacht.

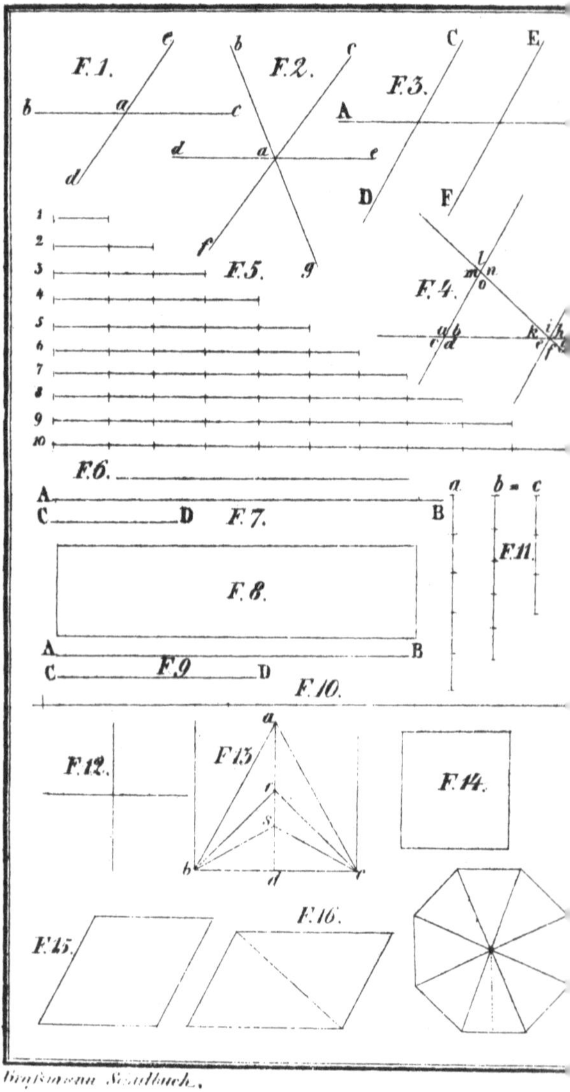

Grassmann Schulbuch.

TAF. I.

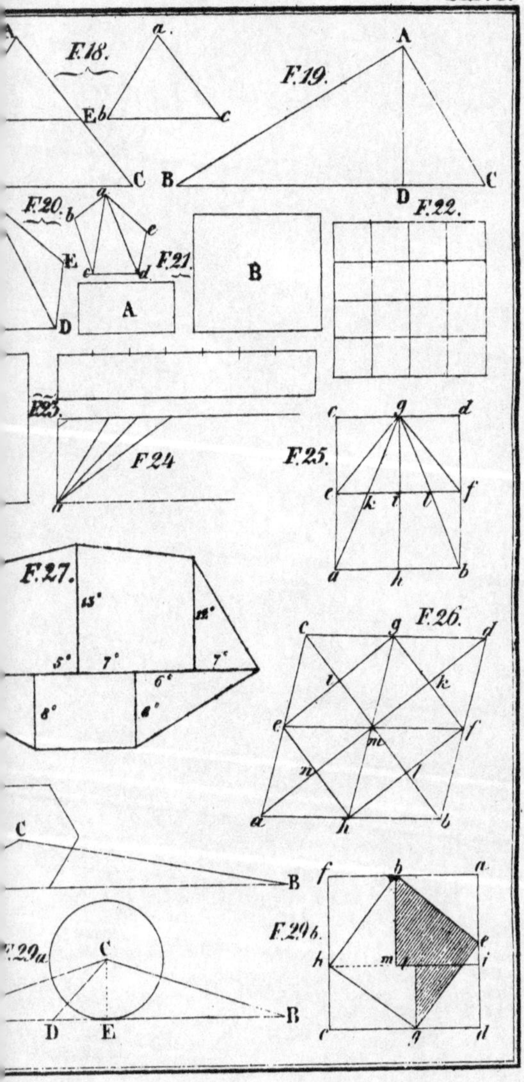

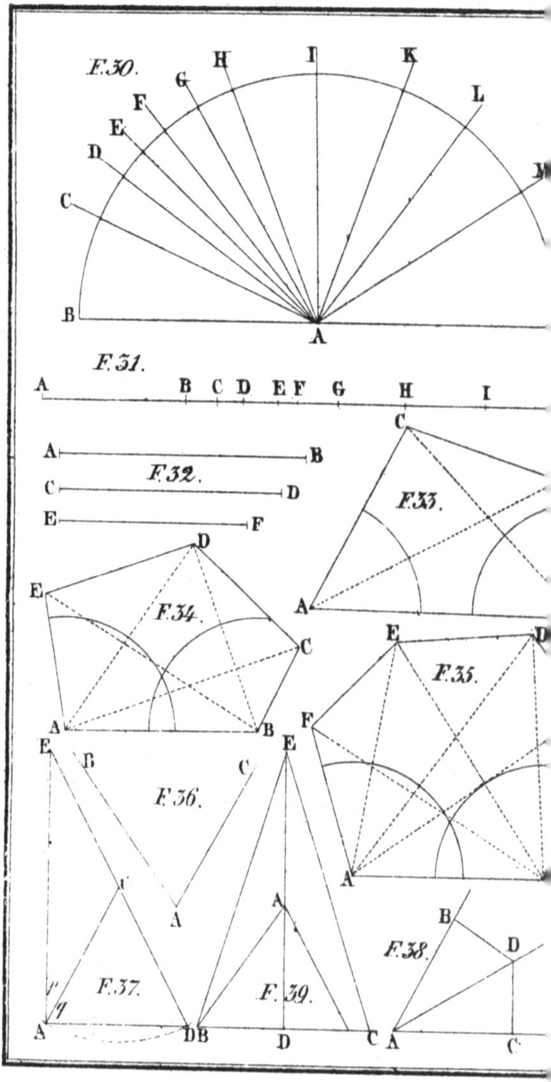
F.30.
B
C
D
E
F
G
H
I
K
L
A
F.31.
A
B C D E F G H I
F.32.
A
B
C
D
E
F
F.33.
C
A
F.34.
D
E
C
A
B
F.35.
E
D
F
A
F.36.
E
B
C
A
F.37.
A
DB
F.39.
E
A
D
C
F.38.
B
D
A
C

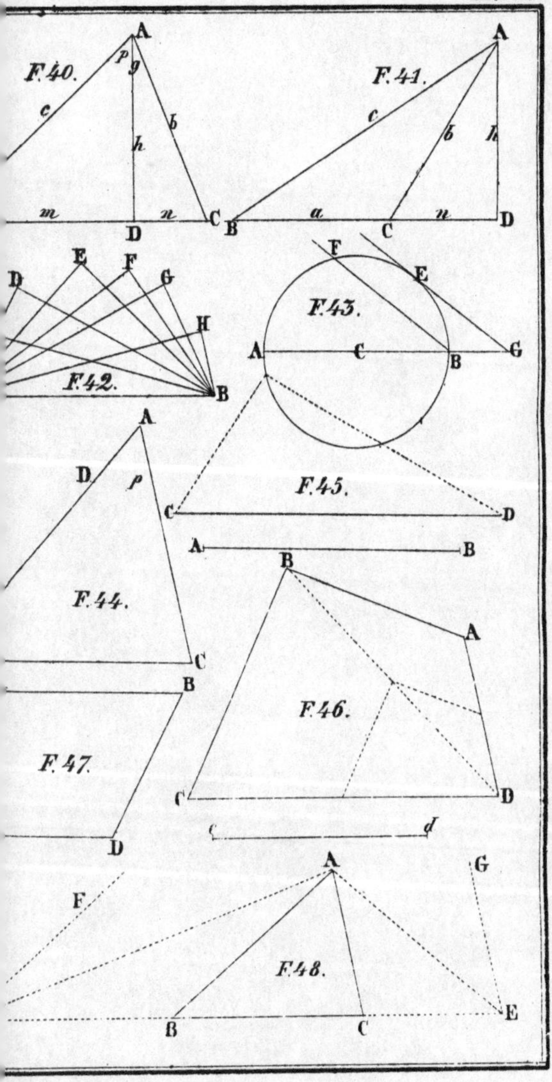
F. 40.
F. 41.
F. 42.
F. 43.
F. 44.
F. 45.
F. 46.
F. 47.
F. 48.

F. 49.

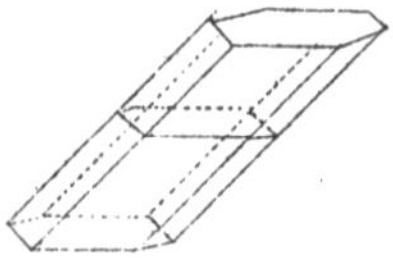

F. 50.

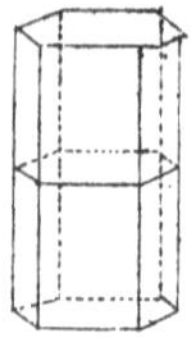

F. 54. F. 55. F. 56.

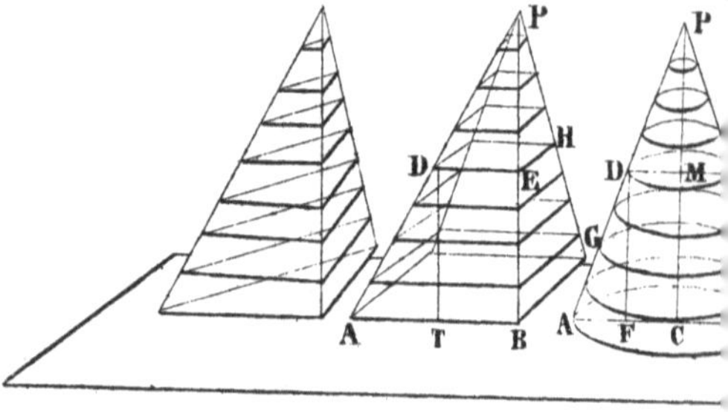

F. 62.

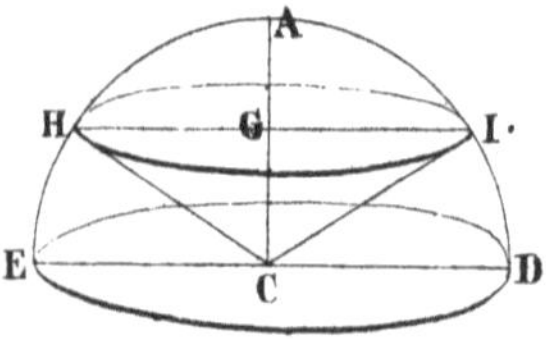

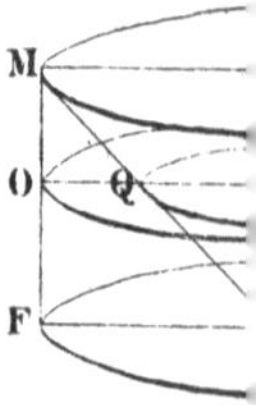

Graßmann Schallbach.

F. 52.

F. 53.

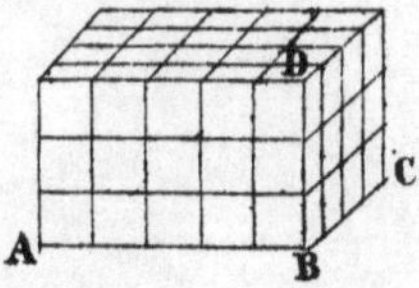

F. 57.

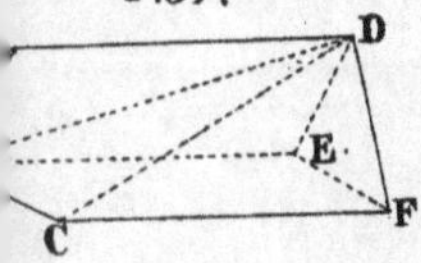

F. 58.

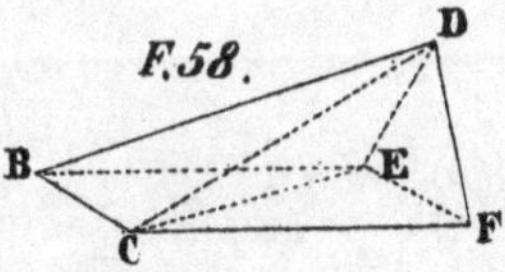

F. 59

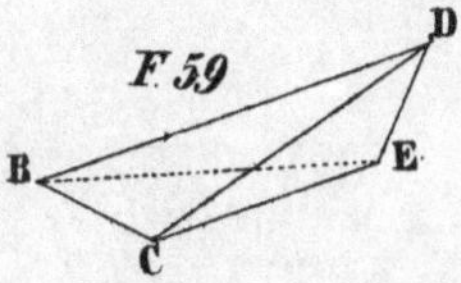

F. 60.

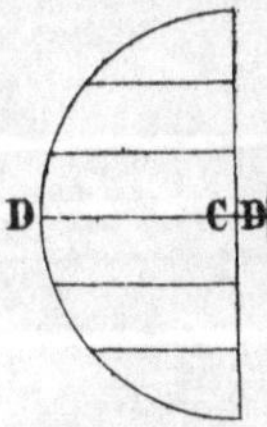

F. 61.

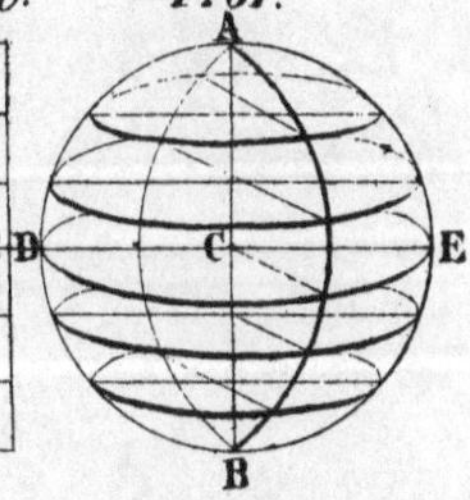

MIX
Papier | Fördert gute Waldnutzung
FSC® C083411

Zeitfracht Medien GmbH
Ferdinand-Jühlke-Straße 7
99095 Erfurt, Deutschland
produktsicherheit@kolibri360.de